ゼロからわかる

# TypeScript

入門

[著]WINGSプロジェクト 齊藤新三　[監修]山田祥寛

技術評論社

# はじめに

　筆者が初めてまともに学んだプログラミング言語は、Javaです。そのJavaを学んだ頃の開発対象は、サーバサイドWebアプリケーションでした。当時、クライアントサイド、つまり、Webブラウザ上で動作する言語として、JavaScriptは存在していましたが、「使うべからず」というのが業界スタンスでした。その後、JavaScriptは、劇的な復活を遂げます。それに合わせて、筆者もJavaScriptを使っていくことになるのですが、Java育ちの身としては、JavaScriptの独特な書き方は全く好きになれませんでした。

　その理由として、クラスベースではない、データ型を記述しない、というのが大きかったです。クラスベースに関しては、ES2015で少しは改善されましたが、データ型に関しては、いまだに解決されていません。

　そんな時に出会ったのが本書が題材としているTypeScriptです。そのような不満を一挙に解決してくれる言語でした。もっとも、直接ブラウザでは動作しませんので、コンパイルが必要ではありますが、コーディングそのもののストレスは確実に減少します。

　そのようなTypeScriptの魅力の一端でも、本書の読者が味わってくれたのならば、これほど嬉しいことはありません。

　なお、本書に関するサポートサイトを以下のURLで公開しています。サンプルのダウンロードサービス、本書に関するFAQ情報、オンライン公開記事などの情報を掲載していますので、あわせてご利用ください。

https://wings.msn.to/

齊藤新三

# 本書の読み方

 ## 本書の対応バージョン

本書の内容は、TypeScript に対応しています。

また、実行環境については、以下の環境で動作確認を行っています。

・Windows 10 ・macOS Monterey（12）

 ## 本書の構成

■リスト

```
リスト8-2  chap08/useCallback.ts
001  export{}
002
003  function showRoundedElement(currentValue: number, index: number, array: number[]) {  ❶
004      const roundedElement = Math.round(currentValue);  ❷
         console.log(`${index + 1}個目の要素${currentValue}の丸め処理後:
005  ${roundedElement}`);  ❸
006  }
```

TypeScriptのプログラムです。左側の数字は行番号を示しています。行番号が同じで2行に
なっている行は、紙面の都合上折り返して表示しているだけですので、入力する際は1行で入力
してください。リスト番号の横にはサンプルプログラムのフォルダー名とファイル名が記載され
ています。プログラムファイルは、本書のサポートページからダウンロードすることができます。

https://wings.msn.to/index.php/-/A-03/978-4-297-12635-3/

■実行結果

```
実行結果
> tsc showLiterals.ts
> node showLiterals.js


123
456
```

本書で使用するVisual Studio Codoのターミナルで実行するコマンドと、その結果です。

左端に「＞」がある色の付いた文字がコマンドです。コマンドを入力して Enter キーを押す

と、実行されます。コマンド以降の文字が、コマンド実行後の結果です。

## ■書式

```
● 変数宣言

let 変数名： データ型
```

TypeScript プログラムの定型的な書き方を示します。

## ■ Column

---
**COLUMN** **Vite**

11-3節末でwebpackを紹介しました。このwebpackの欠点は、開発段階でコードを変更した際、その変更をブラウザに反映する速度が遅いことです。その欠点を改善するために全く新しく開発されたツールが、Viteです。Viteは、フランス語で「速い」という意味で、「ヴィート」と発音します。その名称の通り、コードの反映の速さを実現したツールです。さらにこのViteは、10-1節末のコラムで紹介したSPAフレームワークのひとつであるVueの開発者Evan Youが開発したこともあり、Vueアプリケーションの開発では必須のツールとなっています。

---

本文とは直接関係のない追加情報です。

## ■ note

note

ダブルクォーテーションで囲んだ文字列中のシングルクォーテーション、また、その逆の、シングルクォーテーションで囲んだ文字列中のダブルクォーテーションには、文字列リテラル定義のクォーテーションが異種のものですので、バックスラッシュは不要です。

本文の内容を補足する解説です。

## ■まとめ

● ま と め ●

⚫ ソースコード中に直接記述した値をリテラルという。
⚫ 文字列と数値は、コンピュータでは違う種類のデータとして扱われる。
⚫ 文字列リテラルの記述では、エスケープシーケンスを意識しよう。

節の最後に、解説中に出てきた重要なポイントがまとめて書かれています。

■練習問題

　各章の最後のページには、練習問題があります。問題を解きながら、内容を理解したかを確認してみましょう。練習問題の解答は、本書の最後にあります。

 キーボードレイアウト ・・・・・・・・・・・・・・・・・・・・・・・・・

　プログラムで使う、普段はあまり使わない記号がキーボードのどこにあるかを図示します。また、記号読み方と入力方法も説明します。

■記号の読み方と入力方法

| 記号 | 読み方 | 入力方法 |
|---|---|---|
| ' | シングルクォーテーション | Shift + 7 |
| " | ダブルクォーテーション | Shift + 2 |
| _ | アンダーバー、アンダースコア | Shift + \ |
| [ ] | 角かっこ | [ 、 ] |
| { } | 波かっこ | Shift + [ 、 Shift + ] |
| : | コロン | : |
| ; | セミコロン | ; |
| \ | バックスラッシュ | ¥ または \ |

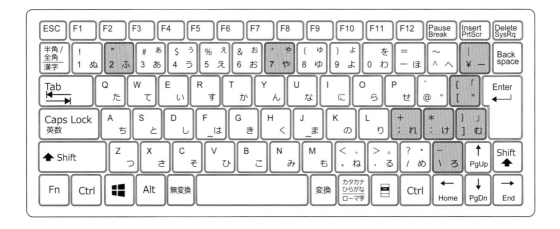

　なお、キーボードの¥キーと\キーは、どちらも同じ文字が入力されます。Windowsでは「¥」と表示されることが多いですが、本書で使用するVisual Studio Codeのエディタ画面では「\」と表示されます (3-1-3項参照)。

# TypeScriptの基本を理解する

# Chapter 2 初めてコーディングしてみる

# Chapter 3 変数と演算子を理解する

# Chapter 4　条件分岐を理解する

## Chapter 5 ループを理解する

## Chapter 6 複数のデータをまとめる変数を理解する

## Chapter 7　関数の基本を理解する

# Chapter 8 関数の応用的な機能を理解する

# Chapter 9 クラスの基本を理解する

# Chapter 10 クラスの応用的な機能を理解する

# Chapter 11 モジュールについて理解する

## Chapter 12 非同期通信アプリケーションを作る

Chapter

# 1

# TypeScriptの
# 基本を理解する

TypeScriptの世界へようこそ！　このChapterでは、TypeScriptと
はどのような言語なのかから話を始め、実際にTypeScriptでプログ
ラミングするための環境を作成していきます。

# 1-1 TypeScriptがどういう言語なのかを学ぶ

TypeScriptは、JavaScriptの代替言語のひとつです。代替言語とはどういう意味でしょうか。そもそも、JavaScriptとはどのような言語でしょうか。そのあたりの話をしていきましょう。

### 1-1-1
## JavaScriptとは

パソコンでもスマホでも、Webを閲覧するときに使うアプリケーションは、いうまでもなく**ブラウザ**です。そのブラウザでWebを閲覧していくと、例えば、リンクをクリックすると隠れていたナビゲーションが表示されたり、現在のページの上に入力画面が載った形で表示されたり、画像が流れていって文字が現れたり、といった動きのあるWebページを多々体験していると思います。現在、動きのないWebページの方が少ないので、当たり前のように思えるかもしれません。そのような「動き」を実現するためには、ほぼ間違いなく裏でプログラムされたアプリケーションが動作しています。つまり、ブラウザ上でアプリケーションが動作するのです。

そして、このブラウザ上で動作する唯一のプログラミング言語が、**JavaScript**です。

JavaScriptは、**Netscape Communications**社によって開発された言語です。開発当初は、**LiveScript**と呼ばれていました。1995年に、そのNetscape Communications社がリリースしていたブラウザである**Netscape Navigator**のバージョン2に組み込まれる際に、当時、勢いのあった**Java**言語にあやかろうとJavaScriptと名称を変更しました。

### 1-1-2
## ECMAScript2015で扱いやすい言語へと進化

そのようにして登場したJavaScriptは、そもそもブラウザ上だけで動作する言語のため、各ブラウザベンダが勝手に仕様を拡張してきた歴史があります。古くは、Netscape Navigatorのみで動作するプログラム、逆に、そのライバルだったMicrosoftのInternet Explorer（IE）のみで動作するものがありました。もちろん、これはWeb開発者のみならず、ユーザーにも不幸です。

そこで、そのような状態を解消するために、情報通信システム分野における国際的な標準化団体である**ECMA International**のもと、JavaScriptの標準仕様が策定されるようになっています。このECMA Internationalによって仕様策定された言語を、**ECMAScript**といいます。ECMAScriptの最初のバージョンは1997年公開ですが、2015年公開のバージョン6以降、毎年バージョンアップされ、それぞれ、ECMAScript2015（ES2015、あるいは、ES6）、ECMAScript2016（ES2016）、…、ECMAScript2020（ES2020）と命名されています。

　このうち、ES2015の登場は、JavaScriptの歴史において、かなりの変革でした。それまでのJavaScriptは、Javaなど他の言語に慣れたプログラマからすると扱いにくい構文体系、つまり、JavaScript独特の癖がというものがありました。それを、そのようなプログラマでも書きやすい仕様へと大きく改変されたのが、このES2015です。

　ただし、これは本来のJavaScriptの癖を解消したのではなく、その癖に一枚皮をかぶせている形で実現しています。これを、**シンタックスシュガー**と呼んでいます。あくまで皮をかぶせているだけですので、一皮剥けば、癖は癖として健在に残っており、ある程度複雑なアプリケーションを作成しようとすれば、この癖を意識せざるを得ない状況に陥ってしまいます。

 ### 1-1-3
# JavaScriptのクセを隠蔽する「altJS」

　このようなJavaScriptの癖は、プログラマの好みの問題として片付けられるうちはよかったのですが、ブラウザで動作するアプリケーション開発（これを**フロントエンド**開発といいます）が複雑になればなるほど、生産性の低下という問題を引き起こし、好みの問題では片付けられない状況になってきました。そこで、この生産性の問題を解決するために、JavaScriptに代わる新たな言語が作られました。これらの言語は、**altJS**と呼ばれます。まさに、JavaScript（JS）に代わる（alternative）言語、代替言語です。

　新たな言語として作られたaltJSですが、実は、まったくの新しい言語としての作成は不可能です。というのは、ブラウザ上で動作する言語はJavaScriptだけという現実があるからです。したがって、いくら言語を開発しても、JavaScriptを置き換えることはできません。

　そこで、これらのaltJSは、最終的にJavaScriptコードへと変換されることを前提に作成されています。プログラマは、altJSでソースコードを記述します。そのソースコードファイルを、ツールを使ってJavaScriptのファイルへと変換し、その変換されたJavaScriptファイルをブラウザが読み込むことで動作するようになります（図1-1）。なお、altJSでは、このJavaScriptコードへの変換のことを、**コンパイル**とよんでいます。

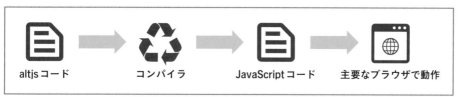

altjsコード　→　コンパイラ　→　JavaScriptコード　→　主要なブラウザで動作

**図1-1**　altJSとJavaScriptとブラウザの関係

> note
>
> JavaやCなどの言語でもコンパイルという用語を使いますが、altJSのコンパイルとは意味合いがかなり違いますので注意してください。Javaなどの言語でのコンパイルは、文字情報として記述されたソースコードを、コンピュータが実行できるように、0と1のみで書かれたファイルへと変換することを表します。

1-1-4
# altJS筆頭であるTypeScript

　このようなaltJSとしては、Ruby on Railsが標準採用したCoffeeScript、Googleによって作られたDartなど、いくつかありますが、現在筆頭としての位置を占めているのが、Microsoftによって作られた**TypeScript**です。

　TypeScriptの特徴については、そのサイトのTOPページに次のように記述されています。

*TypeScript is JavaScript with syntax for types.*

　この記載の通り、TypeScriptはJavaScriptにデータ型の概念を持ち込んだ言語といえます。そのため、JavaScript構文を正当に拡張したような言語体系となっており、JavaScriptのコードがほぼそのままで動作します。もちろん、TypeScriptへの書き換えも容易です。そのような意味で、JavaScriptに慣れ親しんだ人がTypeScriptを習得するのは容易である一方で、JavaやC#に類似した構文を持つことから、これらの言語に慣れている人からも習得しやすい、いわばいいとこ取りの位置づけにいるのがTypeScriptです。

> note
>
> TypeScriptのサイトのTOPページは次のURLです。
>
> ```
> https://www.typescriptlang.org/
> ```

　また、TypeScriptは、マイクロソフトが力を入れてリリースしているだけのことがあり、ドキュメントも充実しています。バージョンアップも頻繁に行われ、活発にメンテナンスされている言語です。その流れから、ECMAScriptで採択された仕様をいち早く取り込んで利用可能にしている点も、人気の秘密といえるでしょう。

　さらに、最近のフロントエンド開発用フレームワークでは、その開発言語としてTypeScriptを採用するものあり、Web開発者にとっては必須言語のひとつになりつつあります。

---

### ● ま と め ●

- ● ブラウザで動作する言語はJavaScriptだけである。
- ● JavaScriptの癖を解消するために考え出された言語がaltJS。
- ● altJSはJavaScriptにコンパイルされて動作する。
- ● TypeScriptは、altJSの筆頭である。
- ● TypeScriptはJavaScriptにデータ型の概念を持ち込んだ言語である。

# 1-2
# TypeScriptの
# コーディング環境を作る

概説はここまでにして、実際にTypeScriptのソースコードの記述、つまり、コーディングしていく環境を構築していきましょう。

## 1-2-1
## TypeScript Playgroundを覗いてみる

前節で解説したように、TypeScriptコードはそのままではブラウザ上で動作しません。TypeScriptをパソコン上で実行させるためには、いくつかツールをインストールする必要があります。次項以降、それらのツールをインストールしていきますが、そのような環境構築なしに手軽にTypeScriptコードを試せるWebサービスとして、**TypeScript Playground**を紹介します。URLは次の通りです。

```
https://www.typescriptlang.org/ja/play
```

このURLにアクセスすると、図1-2の画面が表示されます。

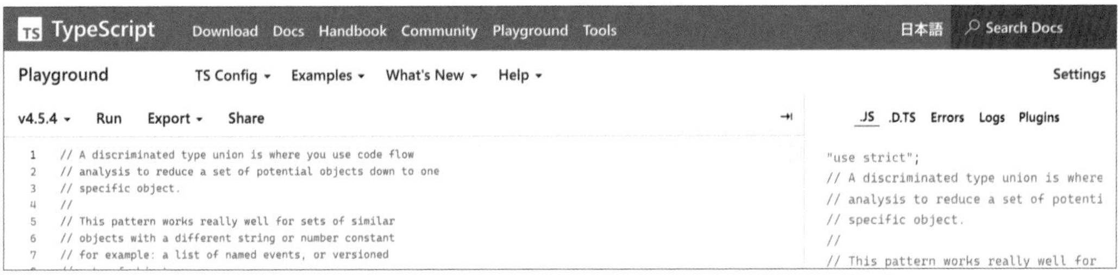

**図1-2** TypeScript Playgroundの画面

左側にTypeScriptを入力すると、自動的に右側にコンパイルされたJavaScriptコードが表示されます。その状態で、[Run] ボタンをクリックすると、その場で結果を確認できます（図1-3）。

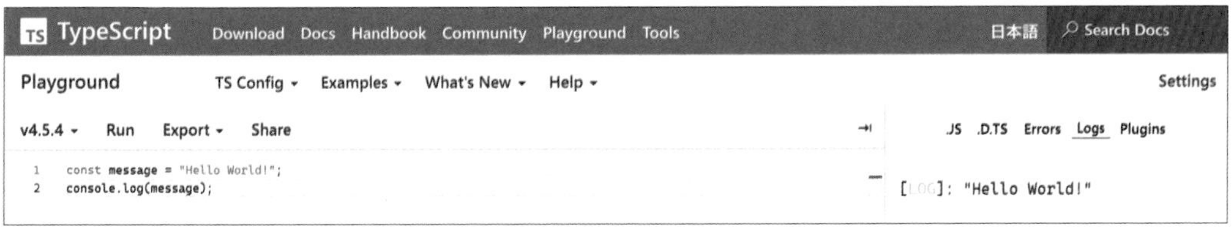

**図1-3** TypeScript Playgroundでコード実行した画面

このように、ちょっとしたTypeScriptコードを試したいときに、このTypeScript Playgroundは便利です。しかし、やはり本格的なコーディングを行うには、環境を整える必要があります。

### 1-2-2
# TypeScriptコーディングに必要なツールを知る

そのようなTypeScriptのコーディング環境を整えるには次の3個のツールを用意する必要があります。

#### ● コーディング用テキストエディタ

TypeScriptに限らず、ソースコードが記述されたファイルというのは、**テキストファイル**として保存するのが原則です。テキストファイルというのは、文字情報のみで構成されたファイルであり、文字サイズや段組みなどの表示の際の装飾情報は一切含まれていません。そのような文字情報のみのファイルを扱うのに最適なアプリケーションが、**テキストエディタ**、略して、**エディタ**です。MicrosoftのWordなども、もちろんテキストファイルを扱うことができますが、装飾情報込みの文書編集を原則とするアプリケーションだけに、テキストファイルを扱うには向きません。餅は餅屋というように、テキストファイルを扱うには、テキストエディタ、しかもコーディングに向いたテキストエディタを用意しておく必要があります。

#### ● Node.js

**Node.js**は、本来ブラウザ上でしか動作しないはずのJavaScriptプログラムを、ブラウザから独立した環境で動作できるようにしたものです。Node.jsの詳細に関しては本書の範囲を超えますので割愛しますが、一言で言うと、ブラウザなしでJavaScriptプログラムを実行できるようにしたものです。そして、1-1-3項で説明したように、TypeScriptのソースコードファイルというのは、JavaScriptコードへの変換（コンパイル）が必要です。その際に、このNode.jsが使われるので、インストールしておく必要があります。

#### ● Node.jsのTypeScriptパッケージ

上記Node.js上で動作可能なさまざまなJavaScriptライブラリやツールが、**パッケージ**という形で提供されています。そして、それらのパッケージを効率よく管理するツールとして、**npm**というのがあります。npmは、**Node Package Manager**の頭文字を取ったもので、まさに、Node.jsのパッケージ管理システムです。この名称通りのnpmコマンドを実行することで様々なパッケージのインストールやアンインストール、アップデートなどの管理が行えます。TypeScript本体は、このnpmのパッケージの形で提供されているので、npmコマンドを利用してインストールしておく必要があります。

次節以降、WindowsとmacOSそれぞれに、上記3ツールのインストール方法を紹介していきます。その前に、ここでは、テキストエディタについて補足しておきます。

## 1-2-3
## ソースコードの記述に最適なツール

　前項で触れたように、テキストファイルを扱うには、テキストエディタが最適です。そのようなテキストエディタは、OSに標準で用意されています。Windowsならば**メモ帳**、macOSならば**テキストエディット**です。ただし、これらのテキストエディタは、確かにテキストファイルの編集用として作られていますが、それでも、コーディングを行うには機能不足です。同じテキストファイルの編集でも、やはり、コーディングにはコーディング用に作られたテキストエディタを利用したほうがはるかに効率がよいです。

　そのようなコーディング用のテキストエディタにはどのようなものがあるのか、表1-1にいくつかあげておきます。なお、それぞれのWebサイトのURLも記載していますが、エディタ名で検索すると出てきます。

| OS | エディタ名 | URL | 説明 |
|---|---|---|---|
| Windows | サクラエディタ | https://sakura-editor.github.io/ | 日本製の軽量で高機能なエディタ。 |
| | Notepad++ | https://notepad-plus-plus.org/ | Windows付属のメモ帳 (Notepad) をプログラマー向けに拡張したエディタ。 |
| macOS | mi | https://www.mimikaki.net/ | 日本製のMac用老舗エディタ。 |
| | CotEditor | https://coteditor.com/ | mi同様に日本生まれのエディタ。App Storeからダウンロードできる。 |
| | BBEdit | https://www.barebones.com/products/bbedit/ | メニューの日本語化には対応していないが、高機能なエディタ。 |

**表1-1　テキストエディタの例**

　表1-1記載のエディタのうち、BBEdit以外は無償で利用できます。BBEditは有償ですが、30日の試用期間があり、その期間を過ぎると機能を制限した状態のフリーモードとして利用し続けることができます。機能制限があるとはいえ、フリーモードでも充分高機能です。

　なお、Windowsには、老舗のエディタとして**秀丸エディタ**がありますが、こちらは有償です。

## 1-2-4
## 高機能テキストエディタの雄 Visual Studio Code

　さて、そのようなテキストエディタのうち、本書で利用していくものは、表1-1にはない**Visual Studio Code** (略して**VS Code**) です。VS Codeは、Microsoftが提供している無償の高機能エディタで、WindowsでもmacOSでも、さらには、Linuxでも同じく利用可能です。

　このVS Codeは、TypeScriptの開発元であるMicrosoftが提供しているだけのことがあって、TypeScriptのコーディングがしやすい機能が標準で含まれています。例えば、ソースコードファイルを表示させた際に、必要キーワードの色を変えて表示してくれます。いわゆるカラーリング (ハイライト機能) です。先述のように、ソースコードファイルは単なる文字情報のみのテキストファイルですので、カラーリングに関する情報は含まれていません。これは、VS Codeが後から解析して色をつけてくれているのです。

```
1   export{}
2
3   class Student {
4       // 名前と英数国の点数を表す各プロパティ。
5       protected _name: string = "";
6       protected _english: number = 0;
7       protected _math: number = 0;
8       protected _japanese: number = 0;
9
10      // コンストラクタ。引数をプロパティに格納する。
11      constructor(name: string, english: number, math: number, japanese: number) {
12          this._name = name;
13          this._english = english;
14          this._math = math;
15          this._japanese = japanese;
16      }
17
18      // 3教科の合計点を表示するメソッド。
19      showScoresSum() {
20          const sum = this._english + this._math + this._japanese;
21          console.log(`${this._name}の合計得点: ${sum}`);
22      }
23  }
```

**図1-4** **VS Codeによってカラーリングされたソースコード**

　また、TypeScriptのソースコードファイルは、コンパイルする必要があります。その際、コーディングミスがあるとコンパイルエラーとなります。このコンパイルエラーを、VS Codeが事前に解析して表示してくれます。

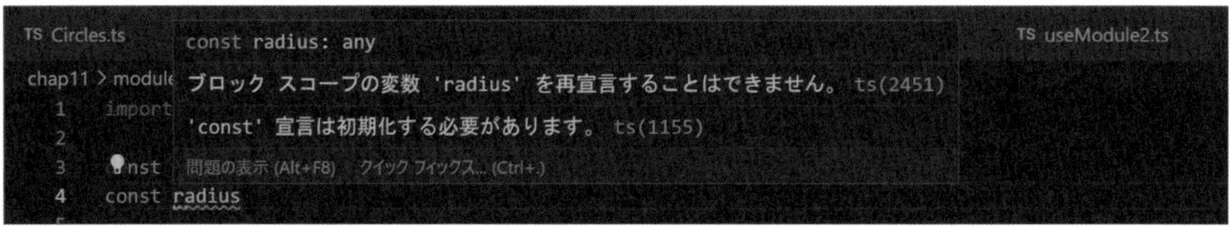

```
TS Circles.ts          const radius: any                              TS useModule2.ts
chap11 > module   ブロック スコープの変数 'radius' を再宣言することはできません。 ts(2451)
    1    import     'const' 宣言は初期化する必要があります。 ts(1155)
    2
    3    nst   問題の表示 (Alt+F8)   クイック フィックス... (Ctrl+.)
    4    const radius
```

**図1-5** **入力途中でエラーを検知して表示されたVS Codeの画面**

　このように、TypeScriptのコーディングが楽になるように作られているVS Codeは、一方で、他の言語のコーディングにも柔軟に対応しています。それを可能にしているのが、VS Codeの**拡張機能**です。この名称の通り、後から様々な機能を追加できる仕組みであり、様々な拡張機能が作成され、マーケットプレースという場で提供されています。そのマーケットプレースから検索し、追加していくことで、PHPやJavaなど、様々な言語のコーディングも行えるようになっています。

● ま と め ●

- **TypeScriptのコードを手軽に試すには、TypeScript Playgroundが便利である。**
- **本格的なコーディング環境として、テキストエディタ、node.js、TypeScriptパッケージのインストールが必要。**
- **ソースコードファイルは、文字情報のみのテキストファイルである。**
- **TypeScriptのコーディングには、VS Codeが便利である。**

# 1-3
# Windowsでの
# コーディング環境を作る

ここからは、Windows、macOSそれぞれに、前節で紹介した3個のツールをインストールしていきます。この節は、Windowsへのインストールです。

## 1-3-1
## VS Codeをインストールする

VS Codeのサイトを訪れてください。URLは次の通りです。

```
https://code.visualstudio.com/
```

図1-6の画面が表示されます。

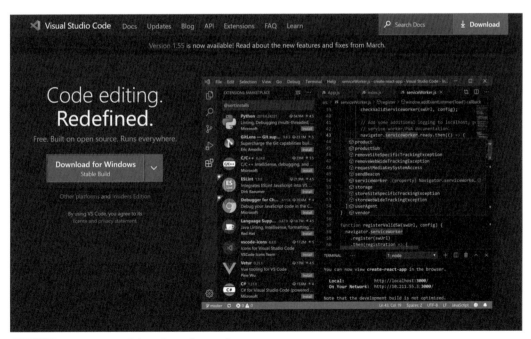

**図1-6** VS Codeサイトのトップページ

このページの [Download for Windows] のボタンをクリックして、ファイルをダウンロードしてください。

ダウンロードしたファイルであるVSCodeUserSetup-x64-#.##.#.exe（#.##.#にはダウンロー

ドした時点でのバージョン番号が入ります) はインストーラとなっていますので、起動してください。その後、基本的には、セットアップウィザードの指示に従ってデフォルトのまま進めていけばインストールが完了します。

まず、起動直後は図1-7の使用許諾契約書の同意画面が表示されますので、[同意する] を選択して、[次へ] をクリックします。

**図1-7　使用許諾契約書の同意画面**

次に、インストール先の指定画面が表示されます。デフォルトのインストール先で特に問題なければ、そのまま [次へ] をクリックします。

**図1-8　インストール先の指定画面**

　次に、スタートメニューフォルダーの指定画面が表示されます。こちらも、特に問題がなければデフォルトのまま［次へ］をクリックします。

**図1-9** スタートメニューフォルダーの指定画面

　次に、追加タスクの選択画面が表示されます。こちらは、デフォルトのままでもよいですが、［デスクトップ上にアイコンを作成する］など、必要に応じてチェックを入れてもかまいません。

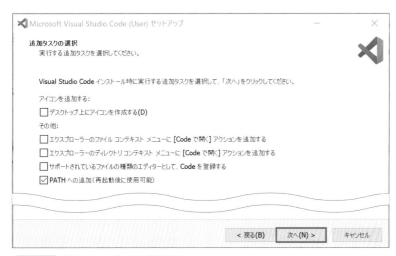

**図1-10** 追加タスクの選択画面

note

　図1-10の選択肢についていくつか補足しておきます。「…コンテキストメニューに［Codeで開く］アクションを追加する」というのは、ファイルやフォルダーを右クリックして表示されたメニューに、そのフォルダーやファイルをVS Codeで開くようなメニューを追加するかどうかのチェックボックスです。また、「サポートされているファイルの種類のエディターとして、Codeを登録する」は、VS Codeで表示できるファイルをダブルクリックした場合に、優先的にVS Codeで開くように設定するチェックボックスです。「PATHへの追加」チェックボックスはデフォルトでチェックが入っています。これは、環境変数PATHにVS Codeを追加するかどうかのチェックボックスであり、追加することによって、コマンドでVS Codeを起動したり、操作したりが可能となります。

　次に、インストール準備完了画面が表示されますので、［インストール］をクリックすると、インストールが開始されます。

**図1-11** インストール準備完了画面

　無事インストールが終了すると、インストール完了画面が表示されます。［完了］をクリックして、セットアップウィザードを終了させてください。

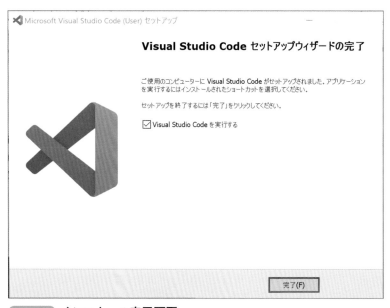

**図1-12** インストール完了画面

## 1-3-2
# VS Code の日本語化拡張機能を追加する · · · · · · · · · · · · · · ·

インストールした直後のVS Codeは、メニューなどが英語のままです。これを日本語化しておきましょう。

まず、VS Codeを起動してください。図1-13の画面が表示されます。

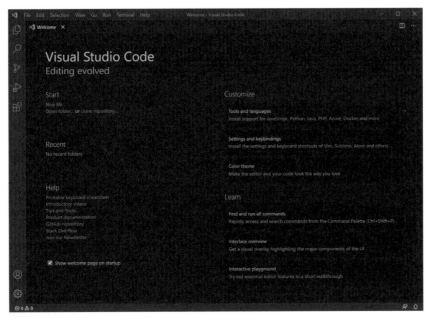

**図1-13** 起動直後の VS Code の画面

左側にあるマークをクリックしてください。図1-14の画面が表示されます。

**図1-14** 拡張機能の画面

左上に **EXTENSIONS** という表記があります。これが、1-2-4項で説明した拡張機能を、マーケットプレースから検索し、追加する画面です。そして、メニューなどの日本語化も、この拡張機能として提供されています。

実際に追加しましょう。[Search Extensions in Marketplace] に「japanese」と入力してください。図1-15のように候補が表示されます。

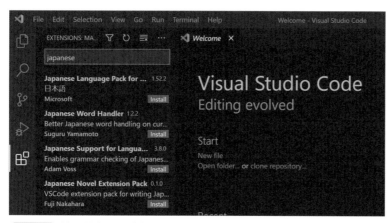

**図1-15** 拡張機能の候補が表示された画面

　ここから、「Japanese Language Pack for Visual Studio Code」を選択すると、図1-16のように詳細が表示されます。

**図1-16** 拡張機能の詳細が表示された画面

　この詳細表示画面の [Install] ボタン、あるいは、リスト中の「Japanese Language Pack for Visual Studio Code」の [Install] ボタンをクリックすると、日本語パック拡張機能がインストールされます。インストールが完了すると、右下にダイアログが表示されるとともに、[Restart] ボタンが表示されるので（図1-17）、このボタンをクリックし、VS Code を再起動してください。

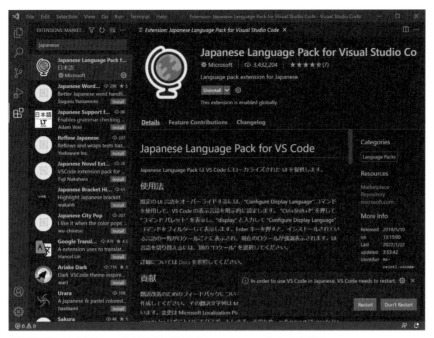

**図1-17** 日本語パック拡張機能がインストールされた画面

再起動後、図1-18のようにメニューなどが日本語化されています。

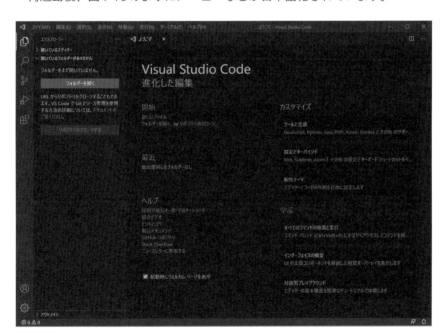

**図1-18** 日本語化された VS Code

　ここでは、日本語パックの拡張機能しか追加していませんが、その他の便利な拡張機能も、同様の手順で追加できます。

### 1-3-3
# Node.jsをインストールする

次にNode.jsのインストールです。Node.jsのサイトを訪れてください。URLは次の通りです。

```
https://nodejs.org/ja/
```

すると、図1-19の画面が表示されます。

**図1-19**　Node.jsサイトのトップページ

「ダウンロード Windows（x64）」と記述された下に緑色のダウンロードボタンが2個確認できます。「LTS」と記述されたバージョンのボタンが、「推奨版」という記述からもわかるように、安定したバージョンです。通常はこちらをダウンロードして利用していきます。ボタンをクリックしてファイルをダウンロードしてください。

　ダウンロードしたファイルであるnode-v##.##.#-x64.msi（##.##.#にはダウンロードした時点でのバージョン番号が入ります）は、インストーラとなっていますので、起動してください。

　まず、起動直後は図1-20の画面が表示されますので、[Next]をクリックします。

**図1-20** セットアップウィザード第1画面

　次に、End-User License Agreement画面が表示されます。ライセンスへの同意を求める画面ですので、[I accept the terms in the License Agreement] のチェックボックスにチェックを入れ、[Next] をクリックしてください。

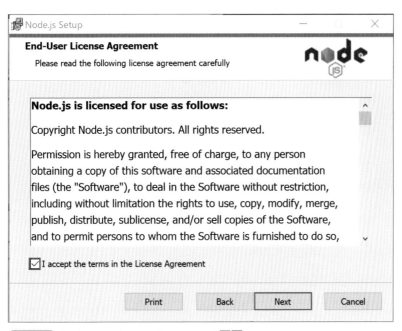

**図1-21** End-User License Agreement画面

　次に、Destination Folder画面が表示されます。インストール先フォルダーの確認画面ですので、デフォルトのまま [Next] をクリックします。

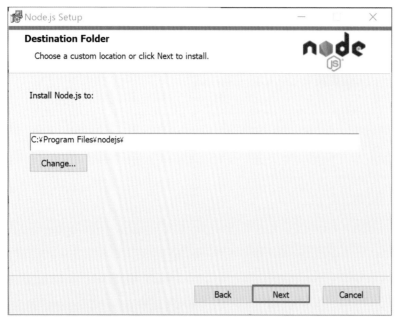

**図1-22** **Destination Folder画面**

　次に、Custom Setup画面が表示されます。インストールのカスタマイズを行う画面です。こちらも、デフォルトのまま [Next] をクリックします。

**図1-23** **Custom Setup画面**

　次に、Tools for Native Modules画面が表示されます。こちらは、Node.jsを利用するパッケー

ジの中にはC/C++の環境が必要なものがあり、そのようなパッケージに対応するためのライブラリを追加するかどうかの確認画面です。追加する場合は、チェックボックスにチェックを入れますが、現時点では不要ですので、そのまま［Next］をクリックします。

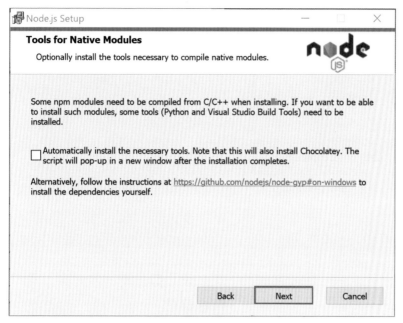

**図1-24** Tools for Native Modules画面

次に、Ready to install Node.js画面が表示されます。インストールの準備が整ったことを伝える画面ですので、［Install］をクリックします。

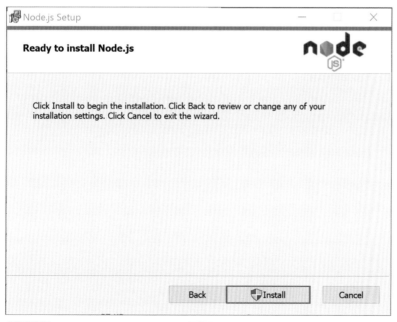

**図1-25** Ready to install Node.js画面

　このとき、ユーザーアカウント制御のダイアログが表示されます。［はい］をクリックしてください。

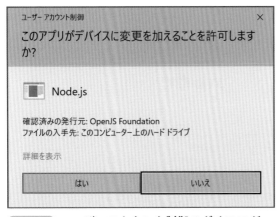

図1-26　**ユーザーアカウント制御のダイアログ**

　すると、インストールが開始されます（図1-27）。

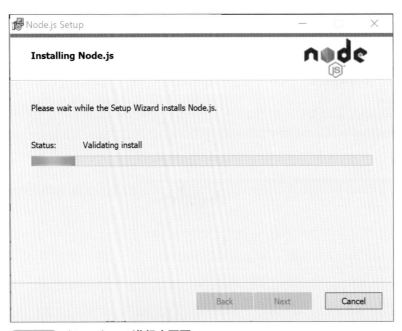

図1-27　**インストール進行中画面**

　無事インストールが終了すると、インストール完了画面が表示されます。

**図1-28** インストール完了画面

[Finish] をクリックして、セットアップウィザードを終了させてください。

### 1-3-4
# Node.js のインストールを確認する

Node.js が無事インストールできたかどうかを確認しましょう。これは、PowerShell を起動させて、コマンドで行います。**PowerShell** の起動は、スタートメニューから、[Windows PowerShell] → [Windows PowerShell] を選択すれば起動しますが、より便利なのは、検索窓に「powershell」と入力して、Enter キーを押すことです (図1-29)。

**図1-29** PowerShell の起動は検索が便利

　起動した画面で、「>」に続いて次のコマンドを入力して、Enter キーを押して実行してください。

```
> node -v

v16.13.2
```

　上記のようにバージョン番号が表示されたら、無事インストールされています。なお、表示されるバージョン番号は、インストールした時点のバージョンとなります。上記の番号とは限らないので、注意してください。

### 1-3-5
# TypeScript パッケージをインストールする ● ● ● ● ● ● ● ● ● ● ●

　最後に、Node.js の TypeScript パッケージのインストールです。1-2-2項で説明したように、これは、npm コマンドで行います。前項で PowerShell が起動していると思いますので、そのまま、次のコマンドを実行してください。

```
> npm install -g typescript

   :

added 1 package from 1 contributor in 1.586s
```

### 1-3-6
# PowerShell の実行ポリシーを変更する ● ● ● ● ● ● ● ● ● ● ●

　無事、TypeScript パッケージがインストールされたかどうか、コマンドで確認しておきましょう。TypeScript 関連のコマンドは、**tsc** コマンドです。ただし、PowerShell のデフォルト設定では、この tsc コマンドを入力すると、セキュリティ（実行ポリシー）の関係上、図1-30のようなエラーとなります。

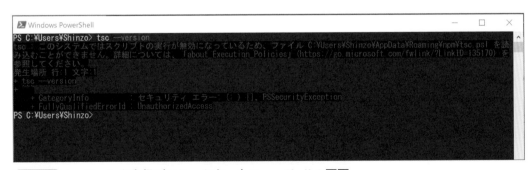

**図1-30** **tsc コマンド実行がエラーとなった PowerShell の画面**

　そこを、まず変更しておきましょう。これは、次のコマンドを実行します。

```
> Set-ExecutionPolicy -Scope CurrentUser RemoteSigned
```

実行ポリシーの変更
実行ポリシーは、信頼されていないスクリプトからの保護に役立ちます。
〜省略〜
実行ポリシーを変更しますか?
[Y] はい(Y)  [A] すべて続行(A)  [N] いいえ(N)  [L] すべて無視(L)  [S] 中断(S)  [?] ヘルプ
(既定値は "N"):

　上記のように表示されるので、次のように、コロン (:) の次に「y」を入力して、Enter キーを
押してください。

[Y] はい(Y)  [A] すべて続行(A)  [N] いいえ(N)  [L] すべて無視(L)  [S] 中断(S)  [?] ヘルプ
(既定値は "N"): y

　特にエラー表示などがなければ、無事ポリシーが変更されています。

### 1-3-7
# tscコマンドの実行を確認する

　最後に、tsc コマンドの実行確認を行っておきましょう。次のコマンドを実行してください。

```
> tsc --version
```

```
Version 4.5.5
```

　上記のようにバージョン番号が表示されたら、無事、TypeScriptの実行環境が整ったことに
なります。なお、表示されるバージョン番号は、上記の番号とは違うことがあるので注意してく
ださい。

> note
>
> PowerShell を終了させる場合は、exit コマンドを入力します。

● まとめ ●

- **VS Codeのインストールにはインストーラを使う。**
- **VS Codeは、拡張機能で日本語化しておこう。**
- **Node.jsのインストールにもインストーラを使う。**
- **Node.jsのインストール済み確認はコマンドを利用する。**
- **TypeScriptのインストールは、npm コマンドを利用する。**
- **tsc コマンドの実行には、PowerShellの実行ポリシーの変更が必要。**

# 1-4 macOSでの コーディング環境を作る

この節では、macOSに1-2節で紹介した3個のツールのインストール方法を紹介します。

### 1-4-1
## VS Code をインストールする

VS Codeのサイトを訪れてください。URLは次の通りです。

```
https://code.visualstudio.com/
```

すると、図1-31の画面が表示されます。

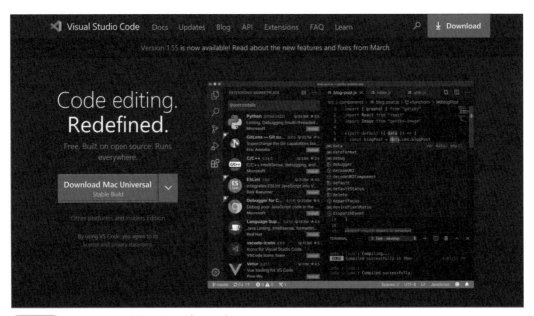

**図1-31** **VS Code サイトのトップページ**

　このページの [Download Mac Universal] のボタンをクリックして、ファイルをダウンロードしてください。

　ダウンロードしたファイルは、VSCode-darwin-universal.zip と zip形式になっています。このファイルをダブルクリックで解凍すると、Visual Studio Code.app というアプリケーション

本体となります。このファイルをドラッグ＆ドロップして、アプリケーションフォルダーに格納すればインストールは完了です（図1-32）。

図1-32 Visual Studio Code.app をアプリケーションフォルダーに格納

 1-4-2
## VS Code の日本語化拡張機能を追加する

インストールした直後のVS Codeは、メニューなどが英語のままです。これを日本語化しておきましょう。日本語化の手順はWindowsと同じですので、1-3-2項を参照してください。

 1-4-3
## Node.js をインストールする

次にNode.jsのインストールです。Node.jsのサイトを訪れてください。URLは次の通りです。

```
https://nodejs.org/ja/
```

すると、図1-33の画面が表示されます。

図1-33 Node.js サイトのトップページ

**1**

TypeScript の基本を理解する

　「ダウンロード macOS（x64）」と記述された下に緑色のダウンロードボタンが2個確認できます。「LTS」と記述されたバージョンのボタンが、「推奨版」という記述からもわかるように、安定したバージョンです。通常はこちらをダウンロードして利用していきます。ボタンをクリックしてファイルをダウンロードしてください。

　ダウンロードしたファイルである node-v##.##.#.pkg（##.##.#にはダウンロードした時点でのバージョン番号が入ります）は、インストーラとなっていますので、起動してください。起動後、基本的には、インストーラウィザードの指示に従ってデフォルトのまま進めていけばインストールが完了します。

　まず、起動直後は図1-34のようこそ画面が表示されますので、［続ける］をクリックします。

**図1-34** インストーラのようこそ画面

　次に、使用許諾契約画面が表示されますので、［続ける］をクリックします。

**図1-35** 使用許諾契約画面

　すると、使用許諾契約への同意を求めるダイアログが表示されるので、[同意する]をクリックします。

**図1-36** 使用許諾契約への同意ダイアログが表示された画面

　次に、インストール先の確認画面が表示されるので、そのまま[続ける]をクリックしてください。

図1-37 **インストール先の確認画面**

　標準インストールの確認画面が表示されるので、［インストール］をクリックし、インストールを実行してください。

図1-38 **標準インストールの確認画面**

　その際、図1-39のインストール許可ダイアログが表示されます。現在ログイン中のユーザ（あるいは管理者権限を有するユーザ）のユーザ名とパスワードを入力して、［ソフトウェアをイン

ストール] をクリックしてください。

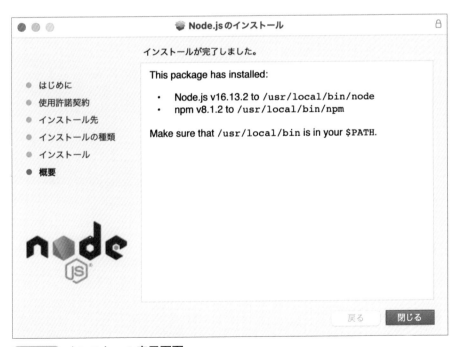

図1-39 インストールの許可を求めるダイアログ

すると、インストールが開始されます。

無事インストールが終了すると、インストール完了画面が表示されます。

図1-40 インストール完了画面

[閉じる] をクリックして、インストーラウィザードを終了させてください。

### 1-4-4
## Node.jsのインストールを確認する

　Node.jsが無事インストールできたかどうかを確認しましょう。これは、ターミナルを起動させて、コマンドで行います。**ターミナル**は、アプリケーションフォルダー中のユーティリティフォルダー内にあります。より便利なのは、Launchpadから「ターミナル」と検索することです（図1-41）。

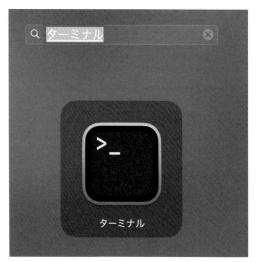

**図1-41**　ターミナルの起動はLaunchpadの検索が便利

　起動した画面に次のコマンドを入力して、Enter キーを押して実行してください。

```
% node -v
```

```
v16.13.2
```

　上記のようにバージョン番号が表示されたら、無事インストールされています。なお、表示されるバージョン番号は、インストールした時点のバージョンとなります。上記の番号とは限らないので、注意してください。

### 1-4-5
## TypeScriptパッケージをインストールする

　最後に、Node.jsのTypeScriptパッケージのインストールです。1-2-2項で説明したように、これは、npmコマンドで行います。前項でターミナルが起動していると思いますので、そのまま、次のコマンドを実行してください。

```
% npm install -g typescript

    :
```

```
added 1 package from 1 contributor in 1.586s
```

### 1-4-6
# TypeScriptのインストールを確認する · · · · · · · · · ·

　無事、TypeScriptパッケージがインストールされたかどうか、コマンドで確認しておきましょう。TypeScript関連のコマンドは、**tsc**コマンドです。次のコマンドを実行してください。

```
> tsc --version

Version 4.5.5
```

　上記のようにバージョン番号が表示されたら、無事、TypeScriptの実行環境が整ったことになります。なお、表示されるバージョン番号は、上記の番号とは違うことがあるので、注意してください。

> note
>
> ターミナルを終了させる場合は、**exit**コマンドを入力します。

---

**• まとめ •**

- VS Codeは、ダウンロードしたzipファイルを解凍して、アプリケーションフォルダーに格納するだけ。
- VS Codeは、拡張機能で日本語化しておこう。
- Node.jsのインストールにもインストーラを使う。
- Node.jsのインストール済み確認はコマンドを利用する。
- TypeScriptのインストールは、npmコマンドを利用する。
- TypeScriptの実行コマンドは、tsc。

**1-1** ‥‥‥‥‥‥‥‥‥‥‥‥‥‥‥‥‥‥‥‥‥‥‥‥‥‥‥‥‥‥‥‥‥‥‥‥‥‥‥‥‥‥‥

問1　ブラウザ上で動作する唯一のプログラミング言語はなんでしょうか。

問2　TypeScriptをブラウザなどの実行環境上で動作するためには、コンパイルという作業が必要です。TypeScriptのファイルをコンパイルすると、どのようなファイルが生成されるでしょうか。

問3　TypeScriptはJavaScriptにある概念を持ち込んだ言語と言えます。それはなんでしょうか。

**1-2** ‥‥‥‥‥‥‥‥‥‥‥‥‥‥‥‥‥‥‥‥‥‥‥‥‥‥‥‥‥‥‥‥‥‥‥‥‥‥‥‥‥‥‥

問4　TypeScriptなどのソースコードが記述されたファイルは、文字情報のみで構成されたファイルです。このようなファイルをなんというでしょうか。

問5　TypeScriptのコードのような、文字情報のみで構成されたファイルを編集するのに最適なツールを、なんというでしょうか。

問6　本来ブラウザ上でしか動作しないJavaScriptプログラムを、ブラウザから独立させて実行できるようにしたツールはなんでしょうか。

問7　TypeScriptのパッケージをインストールするのに利用するコマンドはなんでしょうか。

問8　TypeScript関連のコマンドはなんでしょうか。

# 初めてコーディング
# してみる

Chapter 1 で TypeScript をコーディングする環境が整いました。この Chapter では、その環境を使って、初めての TypeScript コードを記述し、実行するところまで行いましょう。

# 2-1 Visual Studio Code を使ってみる

本節では、コーディングに先立ち、VS Codeの使い方を紹介します。もっとも、使い方だけで1冊の書籍になるほどの機能が、VS Codeにはあります。ここでは、本書のコーディングに必要な内容にとどめることをご了承ください。

### 2-1-1
## Visual Studio Code の画面構成を知ろう

　早速、VS Codeを起動してください。Chapter 1でも画面を見ていますが（図1-4や図1-13）、より詳しく見ていきましょう。

　VS Codeの画面はいくつかの部分に分かれており、それぞれ名前がついています。

**図2-1** VS Code画面の基本構成

**❶アクティビティバー**

　VS Codeの様々な機能に応じた画面の切り替えが行えます。切り替えには、それぞれの機能を表すアイコンをクリックします。どのような機能があるかを表2-1にまとめておきます。

| アイコン | 画面名称 | 内容 |
|---|---|---|
| | エクスプローラー | ファイルやフォルダー管理を行える。デフォルトで利用する機能。 |
| | 検索 | 複数ファイルの検索が行える。 |
| | ソースコード管理 | Gitなどのソースコード管理ツールを利用できる。 |
| | 起動 | 起動、および、デバッグが行える。 |
| | 拡張機能 | 拡張機能の管理が行える。 |

表2-1　アクティビティバーで選択できる機能

　なお、拡張機能を追加することで、アクティビティバーにアイコンが追加されることもあります。

**❷サイドバー**

　アクティビティバーで選択した機能に応じて、サイドバーの表示内容も変わってきます。デフォルトのエクスプローラーでは、現在作業対象としているプロジェクトのフォルダーやファイルの管理が行えるようになっています。

**❸エディタ**

　何か作業を行う領域です。編集対象のファイルを開くと、ここにその内容が表示され、編集できるようになります。

　VS Codeの起動直後は、図2-1のようにタブタイトルに「ようこそ」と表示された**ウェルカムページ**が表示されています。

**❹ステータスバー**

　現在作業対象としているプロジェクトの様々な状態を表示してくれます。

2-1-2
## パネルを表示させてみる

ステータスバーの ⊗0△0 をクリックすると、画面が図2-2のように変わります。

**図2-2** 表示されたパネル

　新たに右下に表示された画面領域を**パネル**といいます。図2-2のパネルでは、問題タブが選択された状態で表示されています。この問題タブも含めて、それぞれのタブの内容を表2-2にまとめておきます。

| タブ名 | 内容 |
|---|---|
| 問題 | ソースコード上の問題点を表示パネル |
| 出力 | VS Codeの各機能を利用した際のログ出力が表示されるパネル |
| デバッグコンソール | プログラムの実行結果を表示するなど、デバッグで利用するパネル |
| ターミナル | コマンド実行が行えるパネル |

**表2-2** パネルのタブの種類

### 2-1-3
# VS Code上でコマンドを実行してみよう

それぞれのタブについて、必要に応じて本書中で補足していきます。ここでは、ターミナルパネルについて触れておきましょう。ターミナルタブをクリックして表示されるターミナルパネルは、VS Code上では**統合ターミナル**と呼ばれています。この統合ターミナルを利用すると、VS Code上でコマンド実行が可能となります。1-3-4項や1-4-4項で紹介したようなPowerShell（ターミナル）をわざわざ起動する必要がなくなります。図2-3は、tscコマンドでバージョン表示を実行した画面です。

**図2-3** VS Code上でコマンドが実行できる

---

**• まとめ •**

◉ **VS Codeの各機能は、アクティビティバーのアイコンをクリックして切り替える。**

◉ **ターミナルパネルを利用すると、VS Code上でコマンド実行が可能となる。**

# 2-2 Visual Studio Codeで コーディングしてみる

いよいよ、VS Codeを使ってコーディングしていくことにしましょう。

### 2-2-1

## プロジェクトフォルダーを作成する

　VS Codeで何かのコーディングを行う場合、まず、プロジェクトフォルダーを開くところから始めます。プロジェクトフォルダーというのは、現在の作業対象となるファイル類をまとめて入れておくフォルダーのことです。

　本書では、プロジェクトフォルダー名を「ITBasicTypeScript」とし、本書で作成するサンプルソースコードはこのフォルダー内に作成していくことにします。また、このITBasicTypeScriptフォルダーを作成する親フォルダーとしてホームフォルダー内のWorkdirとすることにします（図2-4）。

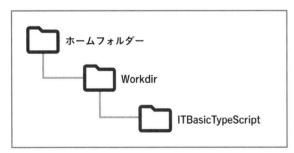

```
📁 ホームフォルダー
    └── 📁 Workdir
            └── 📁 ITBasicTypeScript
```

**図2-4**　本書のプロジェクトフォルダーの位置

note

OSでユーザーを作成すると、そのユーザー専用のフォルダーが自動的に作成されます。それをホームフォルダーといいます。Windowsのデフォルトは、例えば、C:¥Users¥Shinzoのように、C:¥Users¥ユーザー名となっています。macOSでは、/Users/Shinzoのように、/Users/ユーザー名となっています。

　このプロジェクトフォルダーに関して注意点があるので、次にまとめておきます。

● ファイル名やフォルダー名は半角英数字と記号のみとする

　漢字や平仮名などの全角文字によるファイルやフォルダーというのは、プログラミングの際に不具合を招くことが多々あります。同じ英数字でも全角はダメです。このように、プログラミングの世界では、全角文字と半角文字の違いを常に意識しておく必要があります。

　また、空白も同様で、たとえ半角でも空白文字を含まない方がよいです。

● 大文字小文字を区別する

　大文字小文字の区別も重要です。ITBasicTypeScript と itbasictypescritp は別の名称として扱いますし、ItBasicTypeScript も別名称です。細かいようですが、この違いを常に意識しておかないと、気づかないところで不具合を招いてしまいます。

note

> ホームフォルダー内にWorkdirを作成したのは、さまざまなプロジェクトフォルダーをひとつにまとめておくフォルダーが必要だからです。もちろん、さまざまなところにさまざまなプロジェクトフォルダーを入れておいてもかまいませんが、引き出しの中が散らかっているのと同様に、作業効率が下がります。やはり、プロジェクトフォルダー類はどこかにまとめておいた方がよいでしょう。そのフォルダー名については、上記ルールを守っていればなんでもかまいませんが、本書ではWorkdirとします。

**2-2-2**
# Visual Studio Codeでプロジェクトフォルダーを開く

　ITBasicTypeScript フォルダーの作成ができたら、VS Code でそのフォルダーを開きましょう。サイドバー上に表示されている［フォルダーを開く］ボタンをクリックしてください。これは、［ファイル］メニューから［フォルダーを開く］を選択しても同じです。表示されたダイアログから、ITBasicTypeScript フォルダーを選択してください。すると、サイドバーにフォルダーが追加されます。

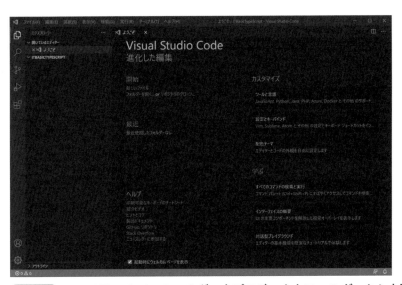

**図2-5** ITBasicTypeScript フォルダーをプロジェクトフォルダーとした画面

これで、プロジェクトフォルダーをITBasicTypeScriptとして、VS Codeにて作業が行えるようになりました。

### 2-2-3 フォルダーを作成する

　VS Codeでプロジェクトフォルダーを開いたら、そのプロジェクトフォルダー内へのフォルダーやファイルの作成は、VS Code上で行えます。ここでは、このChapter用のフォルダーとしてchap02を作成し、そのフォルダー内に初めてのTypeScriptファイルであるhelloworld.tsを作成します。

　まず、フォルダーから作成しましょう。サイドバーにマウスを重ねると、プロジェクトフォルダー名を表す「ITBASICTYPESCRIPT」表記の部分が図2-6のように変化します。

**図2-6**　フォルダーやファイル作成のアイコンが表示されたサイドバー

　このうち、▣がフォルダー作成のボタンですので、クリックしてください。すると、図2-7のように、フォルダー名の入力欄が表示されるので、「chap02」と入力してEnterキーを押してください。

**図2-7**　表示されたフォルダー名の入力欄

　すると、図2-8のようにchap02フォルダーが作成されます。

**図2-8**　作成されたchap02フォルダー

　なお、フォルダーの作成は、サイドバーを右クリックして表示されたメニュー（図2-9）から、［新しいフォルダー］を選択しても同様に作成できます。

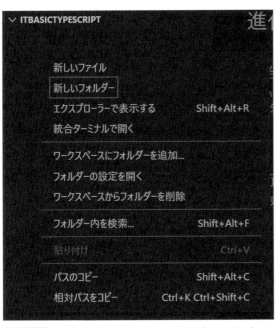

図2-9 サイドバーを右クリックで表示されたメニュー

 2-2-4
## ファイルを作成する

次に、ファイルを作成しましょう。ファイルの作成も、右クリックメニューを利用します（図2-10）。

図2-10 chap02 フォルダーを右クリック

　chap02を右クリックして、［新しいファイル］を選択してください。図2-11のようにファイル名の入力欄が表示されるので、「helloworld.ts」と入力し、Enterキーを押してください。

図2-11　**表示されたファイル名の入力欄**

note

ファイルの作成は、右クリックメニューのほかに、▣ボタンも利用できます。ただし、プロジェクトフォルダー配下のフォルダー内に、フォルダーやファイルを作成する場合は、注意が必要です。サイドバーが選択された状態で▣や▣のアイコンをクリックすると、プロジェクトフォルダー直下にファイルやフォルダーが作成されてしまいます。ここで行ったchap02フォルダー内にファイルを作成するように、配下のフォルダーに対して操作をする場合、そのフォルダーが選択された状態で▣や▣のアイコンをクリックする必要があります。その意味でも、該当フォルダーを右クリックして表示されたメニューからフォルダーやファイルを作成する方が、確実です。

　すると、作成されたファイルがエディタに表示され、編集できるようになります。

図2-12　**作成したファイルはすぐに編集可能**

　ここで作成したhelloworld.tsが初めてのTypeScriptソースコードファイルです。このファイル名のように、TypeScriptソースファイルは、拡張子を.tsとすることになっていますので、以降、注意してください。

note

VS Code のエクスプローラーでは、拡張子をデフォルトで表示してくれます。一方、OSの
デフォルト設定では、拡張子を非表示としています。プログラマとしては、この拡張子の非
表示は非常に不便ですので、設定を変更しておきましょう。

Windowsの場合は、エクスプローラの [表示] タブ内の [ファイル名拡張子] のチェック
ボックスにチェックを入れると表示されます (図2-13)。

**図2-13**　**Windows で拡張子を表示させるチェックボックス**

ついでに、[隠しファイル] のチェックボックスにもチェックを入れておくと、プログラマに
は何かと便利な隠しファイルやフォルダーが表示されるようになります。

macOSの場合は、[Finder] メニューから [環境設定] を選択し、表示された環境設定画面
の [詳細] タブを選択します (図2-14)。

**図2-14**　**macOS で拡張子を表示させるチェックボックス**

[全てのファイル名拡張子を表示] チェックボックスにチェックを入れると表示されるように
なります。

2-2-5
# 初めての TypeScript コードを入力する

　ファイルが作成できたので、早速コードを入力していきます。エディタでリスト 2-1 のコード
を入力してください。その際、全て半角文字で入力されているかを確認してください。

**リスト2-1**　chap02/helloworld.ts

```
001  console.log("Hello World!");
```

入力を終えると、エディタは図2-15のようになっています。

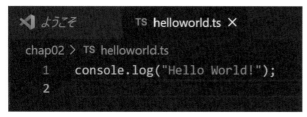

図2-15 リスト2-1を入力した画面

リスト2-1で入力したコードの説明は、2-4節で扱います。ここでは、画面に「Hello World!」と表示するプログラム、とだけ理解しておいてください。

なお、VS Codeで何かを入力しただけでは、その内容はファイルに保存されていません。そのため、入力を終えたら、あるいは入力途中でも適宜保存しておく必要があります。保存は、[ファイル]メニューから[保存]を選択するか、キーボードショートカット ctrl + S（macOSは ⌘ + S）を利用します。

なお、保存されているかどうかは、エディタのタブを見ればわかります。図2-16のように、タブの右端が×ではなく ● になっていると未保存ですので、保存するようにしてください。

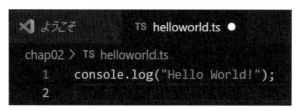

図2-16 未保存のファイルのタブ

<br>

• まとめ •

- プログラミング関連のフォルダー名やファイル名は半角英数字のみとする。
- プログラミングでは、全角半角の区別、大文字小文字の区別を常に意識する。
- VS Codeでコーディングするには、まずプロジェクトフォルダーを開く。
- プロジェクトフォルダーはどこか1ヶ所にまとめておくと便利。
- プロジェクトフォルダー内のフォルダーやファイルはVS Codeのエクスプローラで作成可能。
- TypeScriptソースコードファイルの拡張子は.tsとする。

# 2-3 TypeScriptコードを実行してみる

さあ、最後の仕上げです。前節でコーディングした初めてのTypeScript
コードを実行させましょう。

### 2-3-1
## ターミナルパネルを起動する

1-1-3項で説明したように、TypeScriptコードは、そのままでは実行できません。一度、
JavaScriptコードへの変換、つまり、**コンパイル**が必要です。リスト2-1の内容で作成した
helloworld.tsファイルをコンパイルしてみましょう。

tsファイルのコンパイルは、コマンドで行います。そのコマンドは、対象tsファイルが含ま
れているフォルダー上で実行する必要があります。サイドバーのchap02フォルダーを右クリッ
クし、表示されたメニューから［統合ターミナルで開く］を選択します（図2-17）。

**図2-17** chap02フォルダーを右クリック

すると、図2-18のようにターミナルパネルが開きます。この状態で、すでにchap02を作業

フォルダーとしてコマンドが実行できる状態になっています。

**図2-18** chap02を作業フォルダーとして起動したターミナルパネル

note

コマンドラインツールで作業する場合は、現在の作業フォルダーを常に意識しておく必要があります。Windowsでは、例えば次のようにプロンプトの左側に常に現在の作業フォルダーパスを表示してくれています。

```
PS C:\Users\Shinzo\Workdir\ITBasicTypeScript\chap02>
```

一方、macOSでは、プロンプトは次のような表示となっており、現在の作業フォルダー名は表示してくれていますが、フルパスでの表示ではありません。

```
shinzo@Hawaii chap02 %
```

macOSで現在の作業フォルダーパスを表示する場合は、**pwd**コマンドを入力します。
また、現在の作業フォルダーから移動するコマンドは **cd** です。例えば、次のように入力します。

```
> cd C:¥Users¥Shinzo¥Workdir
```

この例のように、フルパスを指定してもかまいませんし、現在の作業フォルダー内部のフォルダーに移動する場合は、単にフォルダー名だけを指定してもかまいません（相対パス指定）。もし、親フォルダーに移動する場合は、次のように「..」とドット2個を指定します。

```
> cd ..
```

2-3-2
## コンパイルを行う

コマンド入力が可能となったところで、コンパイルを行っておきましょう。コンパイルは次のコマンドです。

● ts ファイルのコンパイル

> tsc ファイル名

実際に行いましょう。次のコマンドを実行してください。

> tsc helloworld.ts

特に何も表示されずにプロンプトが返ってきたら、コンパイルは成功しています。

その状態で、サイドバーを見ると、今までなかった helloworld.js というファイルが増えています（図2-19）。このファイルが、コンパイルによって生成、すなわち、TypeScript ファイルが変換された JavaScript ファイル（js ファイル）です。

**図2-19** コンパイルで生成された JavaScript ファイル

note

tsc コマンドを実行した際に、「File 'helloworld.ts' not found.」というエラーが表示された場合、その文面通り、ファイルが存在しないことになります。その場合、考えられるのは、単純にファイル名の記述ミスです。

記述ミスでないならば、そもそも現在の作業フォルダー内に helloworld.ts が存在しないことになります。その場合は、現在の作業フォルダーが正しいか、フォルダー内に helloworld.ts が存在するかを確認してください。

なお、フォルダー内のファイルを表示させるコマンドは、Windows では dir、macOS では ls です。

ファイルが存在しない以外のコンパイルエラーについては、次節を参考にしてください。

### 2-3-3
## コンパイルされたファイルを実行する

コンパイルによって生成された js ファイルを、ブラウザに読み込ませることで、実行させることができます。しかし、ブラウザで実行するには js ファイルを読み込ませるための html ファイルを用意する必要があり、なかなか面倒です。

そこで、js ファイルの実行もコマンドで行いましょう。これは、次のコマンドです。

● js ファイルの実行

node ファイル名

実際に行いましょう。次のコマンドを実行してください。

```
> node helloworld.js

Hello World!
```

上記のように「Hello World!」と表示されれば、無事成功です。

---

**COLUMN**　VS Code の配色テーマ設定

VS Codeは、画面の配色テーマを選ぶことができます。本書では、デフォルトの黒を基調と
したダークテーマで解説していきますが、実際のコーディングでは好みのテーマを利用して
もかまいません。

テーマの選択は、Windowsでは、［ファイル］メニューから［ユーザー設定］（macOSでは、
［Code］メニューから［基本設定］）を選択し、さらに［配色テーマ］を選択して画面上部に表
示されるリストから選択します（図2-C1）。

**図2-C1**　配色テーマの選択

---

• ま と め •

● ターミナルパネルは、エクスプローラー上でフォルダーを右クリックして起動
すると便利。

● ts ファイルのコンパイルは、tsc コマンドを利用する。

● コンパイルによって生成された JavaScript ファイル（js ファイル）を実行するに
は、node コマンドを利用する。

# 2-4 TypeScriptのコーディングの基本を理解しよう

TypeScriptのコーディングからコンパイル、実行まで、これで一連の作業を経験したことになります。本格的なコーディングは次Chapter以降で行っていきます。ここでは、コーディングの基本的な注意点を紹介しておきましょう。

### 2-4-1
### リスト2-1のコードを理解しよう

まず、リスト2-1のコードについて解説しておきましょう。

TypeScript（というよりJavaScript）では、コンソールへの出力を行うコードは次の構文となっています。

● コンソールへの出力

```
console.log(…)
```

コンソールというのは、広義には出力を担うものという程度の意味ですが、2-3-3項で行ったようにnodeコマンドで実行した場合は、ターミナル上に出力されます。

> note
>
> JavaScriptコードは、本来ブラウザ上で実行されるものです。そのため、ブラウザ上でのコンソール出力は、ブラウザの専用機能で確認します。詳細は他媒体に譲りますが、ほとんどのブラウザには開発者モードというものがあり、その開発者モードで表示される画面内に、コンソール機能が含まれています。

リスト2-1では、log()の()内に記述されているのは、次のコードです。

```
"Hello World!"
```

このダブルクォーテーション（"）に注目してください。TypeScriptでは、文字列はダブルクォーテーション、または、シングルクォーテーション（'）で囲む約束事になっています。これら文字列が、コンソールの出力対象となり、結果、ターミナルパネルに「Hello World!」と表示されるのです。

note

> 文字列を囲むクォーテーションとして、ダブルクォーテーションを使うか、シングルクォーテーションを使うかは、意見が分かれるところです。JavaScriptでは、シングルクォーテーション派が多いです。その流れを受けて、TypeScriptでもシングルクォーテーションで記述する人も多いです。一方、本家のTypeScriptのサイトに掲載されているサンプルコードは、ダブルクォーテーションで記述されています。それに倣い、本書でもダブルクォーテーションで記述していくことにします。
> なお、JavaやC#など、言語によっては、文字列は必ずダブルクォーテーションで囲み、シングルクォーテーションは不可なものもあります。その観点から、ダブルクォーテーションで囲む癖をつけておいた方がよいというのが筆者の考えです。

## 2-4-2
## console.log()をもう少し掘り下げよう ・・・・・・・・・・・

　ここで、コンソール出力コードであるconsole.log()をもう少し掘り下げます。

　TypeScript（というよりJavaScript）では、データや機能をひとまとまりとして扱うことができ、これを**オブジェクト**と呼んでいます。オブジェクトについての詳細な解説は、Chapter 9で扱いますので、ここではイメージだけでも掴んでおいてください。何かの処理を行うにあたって、その処理に関する全てのコードをいちいち書いていると、効率が悪いです。そこで、データや機能（処理の一部）を再利用しやすいように、ある程度の規則に従ってひとつのオブジェクトの中に格納します（図2-20）。

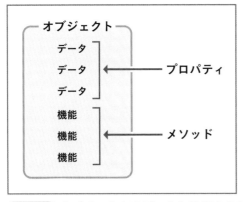

図2-20　オブジェクトはデータと処理をひとまとまりにしたもの

　そして、オブジェクト内のデータ部分を**プロパティ**、機能部分を**メソッド**と呼んでいます。

note

> JavaScriptのオブジェクトにおいてのプロパティは、本当はもっと広い意味が含まれていますが、現段階では、データ部分と思っておいても問題ありません。

　実は、ここで取り上げている**console**は、その名称通り、コンソールとやり取りするための機能をひとつにまとめたオブジェクトです。このconsoleオブジェクトには、ここで利用した表示処理を担う **log()** メソッドの他に、表示内容を一旦消去する clear() メソッドなど、さまざま機

能が含まれています（図2-21）。

```
┌─ consoleオブジェクト ─┐
│                      │
│       log()          │
│      clear()         │
│      debug()         │
│         :            │
│                      │
└──────────────────────┘
```

**図2-21** consoleオブジェクトにはさまざまなメソッドが含まれている

　そして、オブジェクト内のプロパティやメソッドを利用する場合は、オブジェクト名に続けて、.（ドット）を記載し、続けて、プロパティ名やメソッド名を記述するルールになっています。構文としてまとめると次のようになります。

● オブジェクトの利用

```
オブジェクト名.プロパティ名
オブジェクト名.メソッド名()
```

> **note**
>
> ここで紹介したconsoleオブジェクトは、もともとTypeScript（やJavaScript）に備わったオブジェクトです。このようなオブジェクトを、ビルトインオブジェクトといいます。しばらくは、このビルトインオブジェクトを利用していく形になりますが、Chapter 9でオブジェクトの自作方法を紹介します。

### 2-4-3
# 文字列の記述を理解しよう

　さて、話を、log()の()内の記述に移します。リスト2-1では、文字列として半角文字で書かれた内容でした。ダブルクォーテーション内に記述する文字列に関しては、特に制限はなく、原則何を記述してもかまいません。実際に日本語を記述してみましょう。2-2-4項の手順を参考に、リスト2-2の内容のhelloworld2.tsを作成してください。

**リスト2-2** chap02/helloworld2.ts

```
001  console.log("Hello World!");
002  console.log("こんにちは!");
```

　ファイルの作成、コーディングができたら、ファイルを保存し、2-3-2項と同様の手順でコンパイルを行いましょう。

```
> tsc helloworld2.ts
```

コンパイルができたら、2-3-3項と同様の手順で実行を行ってください。

```
> node helloworld2.js

Hello World!
こんにちは!
```

無事、日本語でも表示されることが確認できるでしょう。

### 2-4-4
## TypeScriptのコードとして意味のあるもののみ記述しよう

このように、クォーテーションで囲まれた中は日本語などのさまざまな記述が可能です。

一方、それ以外のソースコードには、TypeScriptのコードとして意味のあるもの以外は、記述してはダメです。例えば、リスト2-2では、consoleやlogはコードとして意味があり、正しいコードと認識されます。

このようにTypeScriptのコードとして意味があるものに対して、記述ミスが発生すると、コードとして理解不能となり、エラーとなります。例えば、consoleをcansoleと誤って記述した場合です。英単語としても間違っていますが、TypeScriptのコードとしても間違っています。その場合、図2-22のように、エディタ上のコードに赤波線が引かれ、VS Codeが指摘してくれます。

図2-22　コーディングミスを指摘してくる

さらに、問題パネルでは、ミスの内容を表示してくれます（図2-23）。

図2-23　問題パネルでコーディングミスの内容を表示

このように、TypeScriptのコードとして間違ったものを記述した場合、当然コンパイルしてもエラーとなります。試しに、コンパイルを行うと次のように表示されます。

```
> tsc helloworld2.ts

helloworld2.ts:1:1 - error TS2552: Cannot find name 'cansole'. Did you mean 'console'?
```

```
1 cansole.log("Hello World!");
  ~~~~~~~

  ../../../.nodebrew/node/v14.15.4/lib/node_modules/typescript/lib/lib.dom.d.ts:19047:13
    19047 declare var console: Console;
                      ~~~~~~~
    'console' is declared here.


Found 1 error.
```

こちらは英語ですが、VS Codeの問題パネルに表示されている内容とほぼ同じですね。

このような指摘を手がかりに、TypeScriptのコードとして意味のある記述に修正していきます。

なお、TypeScriptコードとして意味のある記述というのは、その全てが半角文字で記述されています。ということは、全角文字で記述した場合、間違いなくエラーとなります。そのため、コーディングにおいては、半角と全角の区別は非常に重要となってきます。

### 2-4-5 コメントの記述方法を理解しよう

ソースコード中に、TypeScriptコードとして理解不能なものを記述したい場合は、コメントという形式をとります。例えば、リスト2-3のようなコードです。

**リスト2-3** chap02/helloworld3.ts
```
001  // これは、コンソールに出力するコード。  ❶
002  console.log("Hello World!");
003
004  /* ─
005  複数行のコメントを記述する場合は
006  このような書き方をする。           ❷
007  */ ─
```

ファイル作成（helloworld3.ts）、コーディングができたら、コンパイルを行っておきましょう。

```
> tsc helloworld3.ts
```

コンパイルができたら、実行してみましょう。

```
> node helloworld3.js
```

```
Hello World!
```

リスト2-3で注目するのは、❶と❷です。❶では、「これは、コンソールに出力するコード。」という内容のいわばメモが記述されています。もし、これを次のように直接ソースコード上に記述すると、TypeScriptコードとして理解不能なものと認識され、エラーとなります（図2-24）。

```
これは、コンソールに出力するコード。
console.log("Hello World!");
```

```
TS helloworld.ts      TS helloworld2.ts        TS helloworld3.ts 4  ✕

chap02 › TS helloworld3.ts
    1    これは、コンソールに出力するコード。
    2    console.log("Hello World!");
    3
```

**図2-24  メモを直接記述するとエラー！**

このメモのようなものをソースコード上に記述したい場合は、TypeScriptコードから除外してもらうような記号を付与する必要があります。これを、**コメント**といい、次の構文で記述します。

●1行コメントの記述

```
// …
```

リスト2-3の❶が1行コメントです。また、❷のように複数行をまとめてコメントにしたい場合は、次の構文を利用します。

●複数行コメントの記述

```
/*
   :
*/
```

### 2-4-6
## セミコロンの役割を理解しよう

ここまで紹介してきたソースコードにおいて、コメントを除き、意味のあるコードの行末には**セミコロン (;)** が記述されています。TypeScriptでは、このセミコロンでもってコードの文末と認識することになっています。ということは、例えば、リスト2-2では次のように1行で記述しても問題なく動作します。

```
console.log("Hello World!");console.log("こんにちは!");
```

とはいえ、やはり改行してリスト2-2のように記述した方が、可読性が高いです。実は、プログラミングにおいて、この可読性というのは非常に重要です。可読性を確保するために、改行や

インデントを行っていく必要があります。これに関しては、本書中で随時紹介していきます。

これは、裏を返せば、プログラムを実行する際、改行やインデントというのは無視されることを意味します。意味のあるコードの前後に付与した半角スペースについても同様に無視されます。例えば、次のようなコードは、リスト2-2と同様に扱われ、コンパイル、実行できます。

```
console.log("Hello World!");   console.log("こんにちは!");
```

一方、全角スペースは、無視の対象にはならずエラーとなります。ここでも、半角と全角の区別が重要になりますので注意してください。

> note
>
> TypeScriptの言語仕様としては、実は、行末のセミコロンは省略できます。例えば、次のようなコードです。
>
> ```
> console.log("Hello World!")
> console.log("こんにちは!")
> ```
>
> これは、実行時に自動的にセミコロンが付与されるからです。ということは、本来セミコロンは必要であり、忘れた人のために実行環境がわざわざ補ってくれているにすぎません。
> そのため、上のコードを1行にまとめた次のコードはエラーとなります。
>
> ```
> console.log("Hello World!")console.log("こんにちは!")
> ```
>
> このことから、文末にはセミコロンを記述する癖をつけておいた方がよいでしょう。

---

### ● まとめ ●

- データや機能をまとめたものをオブジェクトという。
- オブジェクト内のデータをプロパティ、機能をメソッドという。
- コンソールへの出力は、consoleオブジェクトのlog(…)メソッドを利用する。
- ソースコード中の文字列はクォーテーション、特にダブルクォーテーションで囲む。
- ソースコード中にはTypeScriptのコードとして理解できる記述以外は記述しない。
- TypeScriptコードとして理解できない記述をしたい場合は、コメントを活用する。
- VS Codeは、入力中にコーディングミスを指摘してくれる。
- ソースコードの文末にはセミコロンを付与する。
- ソースコード中の改行、インデント、半角スペースは実行時に無視される。
- ソースコードの可読性を確保するために、適切な改行やインデントを心がける。

## 練 習 問 題

**2-1** · · · · · · · · · · · · · · · · · · · · · · · · · · · · · · · · · · · · · · · · · · · · · · · · · · · · · · ·

**問1** コマンドに慣れましょう。あえて、VS Codeの［ターミナル］メニューから［新しいターミナル］を選択して、コマンドパネルを表示させます。そこで、現在の作業ディレクトリがどこかを確認し、chap2フォルダーまで移動しましょう。

**2-2** · · · · · · · · · · · · · · · · · · · · · · · · · · · · · · · · · · · · · · · · · · · · · · · · · · · · · · ·

**問2** コンソールに「皆さん元気ですか?」と表示させるhelloworld4.tsファイルをchap02フォルダー内に作成しましょう。

**問3** 上記のファイルをコンパイル、実行しましょう。

**問4** 上記のhelloworld4.tsファイル内に、「初めての練習問題」というコメントを記述しましょう。

# 変数と演算子を
# 理解する

Chapter 2で、初めてのTypeScriptのコーディングを行いました。
その際、コーディングと実行の手順、コーディングにおいての基礎
中の基礎を紹介しました。このChapterから、その内容を踏まえて、
少しずつTypeScriptの文法を紹介しながら、コーディングの幅を広
げていきます。その最初として、変数と演算子を紹介します。

# 3-1 リテラルとデータの種類を理解する

早速、このChapterのテーマである変数と演算子の話に入りたいところですが、その前に理解しておいた方がよいリテラルについて話をしていきましょう。

### 3-1-1
## リテラルとは何かを知ろう

Chapter 2の復習がてら、まず、ひとつコーディングしてみましょう。

Chapterが変わったので、このChapter用のフォルダーを作成しましょう。2-2-3項を参考に、ITBasicTypeScriptフォルダー内にchap03フォルダーを作成してください。さらに、2-2-4項を参考に、その中にshowLiterals.tsファイルを作成しましょう（図3-1）。

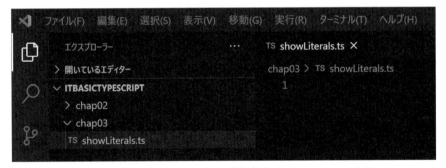

**図3-1** 新しいフォルダーとファイルが作成されたVS Codeの画面

作成したshowLiterals.tsにリスト3-1のコードを記述し、2-3-2項と2-3-3項を参考に、コンパイル、実行しましょう。なお、以降は、特に記述がない限り、コンパイル、実行まで行ってください。

**リスト3-1** chap03/showLiterals.ts

```
001  export{}  ❶
002
003  console.log("123");
004  console.log(456);
```

実行結果

```
> tsc showLiterals.ts
> node showLiterals.js


123
456
```

note

リスト3-1の❶に関して、現段階では、おまじないと思っておいてください。
以降のサンプルでは、この1行がないと、VS Codeが図3-2のエラーを表示します。

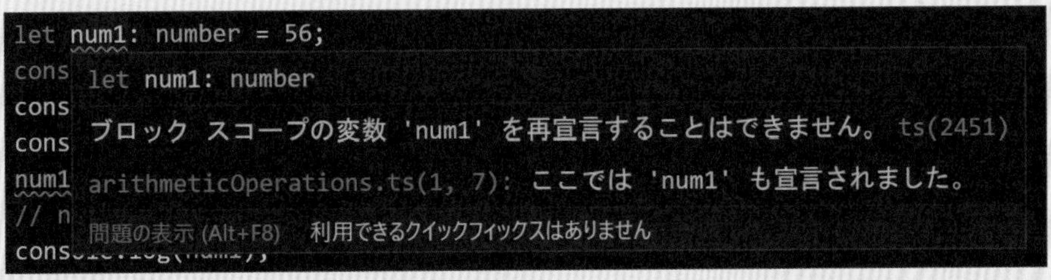

```
let num1: number = 56;
cons    let num1: number
cons
cons    ブロック スコープの変数 'num1' を再宣言することはできません。 ts(2451)
num1    arithmeticOperations.ts(1, 7): ここでは 'num1' も宣言されました。
// n
cons    問題の表示 (Alt+F8)    利用できるクイックフィックスはありません
```

図3-2　おまじないがないとエラーとなる

問題パネル、あるいは図3-2のようなエラー吹き出しに表示されたエラー内容は次のように
なっています。

ブロックスコープの変数…を再宣言することはできません。

実は、このエラーは本当のエラーではなく、VS Codeが警告として発するエラーで、問題な
くコンパイル、実行できてしまいます。とはいえ、コーディングにおいては、気になってし
まいます。そこで、そのエラーを表示させないようにするおまじないと思ってください。本
運用のソースコードではこのような記述は行いません。あくまで練習用サンプルのためのも
のです。
なお、このexportという記述の本当の意味については、Chapter 11で扱います。

　リスト3-1は、console.log()を2回実行するコードですので、コンソールに2行表示されま
す。表示内容は、()内に記述された次の2個の値です。

❶ "123"
❷ 456

このように、ソースコード中に直接記述された値のことを、**リテラル**といいます。

### 3-1-2

## 値の種類の違いを意識しよう

この2個のリテラルを表示させた結果は、「123」と「456」です。表示内容からは両方とも数字ですが、ソースコード上では、この2個は次のように明確に違うものとして扱われます。

❶ "123" ⟶ 「1」「2」「3」という3文字からなる文字列

❷ 456 ⟶ 「456」という数値

プログラミング（というよりコンピュータ内部）において、この文字列と数値というのは全く違う種類の値（データ）として扱われます。そのため、同じリテラルでも、❶は文字列リテラル、❷は数値リテラルといいます。この違いが、次節で扱う変数では、より明確に意識しなければならなくなります。

### 3-1-3

## 文字列リテラル中のダブルクォーテーションはエスケープしよう

文字列リテラルは、ダブルクォーテーションで囲みます。その文字列リテラル中にダブルクォーテーションを記述したとします。例えば、次のような文字列リテラルです。

"文字列中のダブルクォーテーション"には注意が必要"

この場合、ソースコードとしては、文字列リテラルは「文字列中のダブルクォーテーション」までと判断されてしまい、以降の「には注意が必要"」をコードとして認識してしまいます。結果、処理できないコードと判断され、エラーとなります（図3-3）。

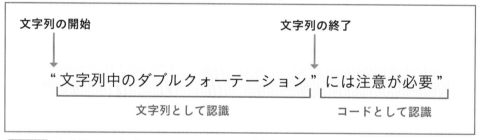

**図3-3** 文字列中のダブルクォーテーションが文字列の終わりと判断されてしまう

これを避けるために、ダブルクォーテーションで囲んだ文字列リテラル中のダブルクォーテーション、あるいは、シングルクォーテーションで囲んだ文字列中のシングルクォーテーション、つまり、文字列リテラル中にリテラル定義と同種のクォーテーションには、次のように半角バックスラッシュを付与して、文字列リテラルの一部として認識させます。

"文字列中のダブルクォーテーション\"には注意が必要"

ダブルクォーテーションで囲んだ文字列中のシングルクォーテーション、また、その逆の、シングルクォーテーションで囲んだ文字列中のダブルクォーテーションには、文字列リテラル定義のクォーテーションが異種のものですので、バックスラッシュは不要です。

このように、特殊記号を文字列リテラルの一部として認識させることを、**エスケープ**といい、「\"」のような記述を**エスケープシーケンス**といいます。表3-1にTypeScriptの主なエスケープシーケンスを掲載します。文字列リテラル中に記述する際は注意してください。

| エスケープシーケンス | 意味 |
|---|---|
| \' | シングルクォーテーション |
| \" | ダブルクォーテーション |
| \\ | バックスラッシュ |
| \t | タブ記号 |
| \n | 改行記号（LF） |
| \r | キャリッジリターン記号（CR） |

**表3-1** TypeScriptの主なエスケープシーケンス

Windowsでは、半角バックスラッシュは、原則、半角円マーク（¥）として表示されます。これは、Windowsの日本語環境において、半角バックスラッシュと半角円マークが区別されていないからです。ただし、VS Codeでは、Windowsでもバックスラッシュと表示されるようになっています。
なお、macOSで半角バックスラッシュを入力するのは、option + ¥ キーです。

・　ま　と　め　・

● ソースコード中に直接記述した値をリテラルという。

● 文字列と数値は、コンピュータでは違う種類のデータとして扱われる。

● 文字列リテラルの記述では、エスケープシーケンスを意識しよう。

変数と演算子を理解する

3

# 3-2
# 変数とそのデータ型を知る

さて、いよいよ、変数に話を移します。

## 3-2-1
## 変数宣言を知ろう

変数という単語は、おそらく中学1年の数学で習い、知っているでしょう。プログラミングでの変数は、数学での変数と考え方はほぼ同じです。何か値を入れておくための箱です（図3-4）。箱に対しては原則自由に名前、つまり、**変数名**をつけることができます。

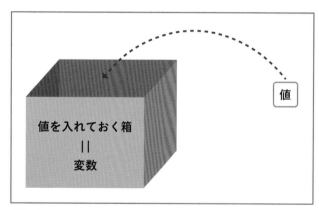

**図3-4** 変数は値を入れておく箱

実際にソースコードを交えて変数の使い方を紹介します。リスト3-2のvariables.tsを作成してください。

**リスト3-2** chap03/variables.ts

```
001    export{}
002
003    let hisName: string = "田中";  ❶
004    console.log(hisName);  ❷
005    hisName = "中野";  ❸
006    console.log(hisName);  ❹
```

実行結果

```
> tsc variables.ts
> node variables.js


田中
中野
```

　リスト3-2の❶が変数を用意しているコードです。この変数を用意することを、**変数宣言**といいます。その変数宣言を構文としてまとめると次のようになります。

● 変数宣言

```
let 変数名: データ型
```

　まず、TypeScriptで変数を宣言する場合、変数名の前に**let**を付与することになっています。このletが変数宣言の目印となります。

### 3-2-2
## 変数名の付け方を知ろう

　そのletに続く、変数名として、リスト3-2の❶では、hisNameとしています。この変数名の付け方には、次のルールがあります。

・**変数名に使える文字は、アルファベット、数字、アンダースコア (_)、ドル記号 ($) のみ。**
・**変数名は数字から始めない。**
・**大文字小文字は区別する。**

　また、ここで変数名としているhisNameは、いうまでもなく、hisとnameという2単語をつなげた名称です。このように、英単語を複数つなげてひとつにする方法はいくつかあり、それぞれ名前がついています。表3-2にまとめておきます。

| 名前 | つなげ方 | 例 |
|------|---------|-----|
| ローワーキャメル記法（LCC） | それぞれの単語の頭文字を大文字としてつなげる方法。ただし、最初の単語は小文字から始める。 | hisName |
| アッパーキャメル記法（UCC） | それぞれの単語の頭文字を大文字としてつなげる方法。ただし、最初の単語は大文字から始める。パスカル記法ともいう。 | HisName |
| スネーク記法 | それぞれの単語をアンダースコアでつなぐ方法。アンダースコア記法ともいう。 | his_name、あるいは、HIS_NAME |
| ケバブ記法 | それぞれの単語をハイフン (-) でつなぐ方法。 | his-name |

**表3-2** 複数英単語をつなげる方法

表3-2のうち、TypeScriptの変数名は、ローワーキャメル記法で記述することになっていますので、注意してください。

他の記法について少し補足しておきます。

まず、アッパーキャメル記法は、Chapter 9で登場するクラス名などで利用します。スネーク記法は、固定値を表す定数名などに利用します。一方、ケバブ記法は、そもそもハイフンがTypeScriptの変数などの表記に使えない文字ですので、TypeScriptコードとして利用することはありません。

### 3-2-3
## データ型記述を理解しよう

変数宣言構文には、変数名に「: データ型」という記述が続きます。リスト3-2の❶では、「: string」が該当します。

3-1-2項で、リテラルには、文字列リテラルや数値リテラルなどがあることを紹介しました。このデータの種類のことを、**データ型**といいます。そして、TypeScriptでは、リテラル同様に、変数もデータ型を厳密に区別し、変数宣言の際に、そのデータ型を記述することになっています。この記述するデータ型として、主なものは、表3-3の3種類です。

| 型名 | 型表記 | 内容 |
|---|---|---|
| string 型 | string | 文字列 |
| number 型 | number | 数値 |
| boolean 型 | boolean | true/false の 2 個の値 |

**表3-3** TypeScript の主なデータ型

もちろん、これ以外にもデータ型はありますし、Chapter 9でクラスを学習すると、データ型はほぼ無限に増やすことができます。詳細は、本書中で随時紹介していきます。また、boolean型については、Chapter 4で詳しく扱います。

### 3-2-4
## TypeScriptでのイコール記号の意味を知る

リスト3-2の❶では、さらに続きがあります。変数は、宣言しただけでは、いわば空っぽの箱が用意されたにすぎません。次に、その箱、つまり、変数に、初めての値として「田中」を入れます。この初めて入れる値のことを、**初期値**といいます。また、初期値に限らず、値を入れることを、**代入**といい、コードとして＝を使います（図3-5）。

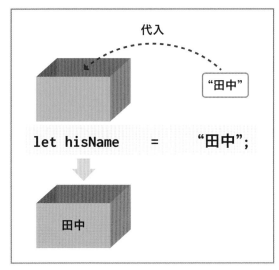

**図3-5** 値の代入は=を使う

　数学での=記号は、左辺と右辺が同値という意味を表しますが、TypeScriptでは代入を表すので、注意してください。

　これで、リスト3-2の❶のコード、すなわち、変数宣言から初期値の代入までを一通り学んだことになります。ここから、リスト3-2の続きのコードを見ていくことにします。

　リスト3-2の❶で用意された変数hisNameを表示させているのが❷です。これまでのサンプルでは、console.log()の()内には直接リテラルを記述していました。一方、このように変数を記述することで、その変数に格納された値を表示することができます。

　続けて、❸は、❶で用意された変数hisNameに、新しい値として「中野」を代入する処理です（図3-6）。

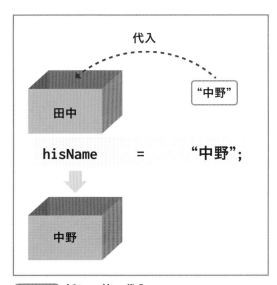

**図3-6** 新しい値の代入

　ここで注目するのは、letがないことです。3-2-1項で説明したように、letは変数宣言の目印ですので、宣言時に一度だけ記述すればよいです。

その後、❹でもう一度hisNameの値を表示させています。実行結果から、無事新しい値が代入されていることがわかるでしょう。

### 3-2-5
## 型推論を知ろう

ここで、もう一度、変数宣言の構文に解説を戻します。先述のように、変数宣言では、原則、その変数のデータ型を記述します。しかし、初期値からそのデータ型が明らかな場合は、データ型を省略してよい、というルールがあります。これを適用すると、リスト3-2の❶は次のような記述になります。

```
let hisName = "田中";
```

この初期値から変数のデータ型を推測することを、**型推論**といいます。そして、型推論が利用できる限りは、変数のデータ型を省略した方が、よりコードがスッキリします。本書でも、以降は可能な限り型推論を利用し、データ型を省略したコードを記述していきます。

> note
>
> 厳密にいうと、変数の宣言と、初期値の代入は別の処理といえます。ということは、これら2処理は別々の行として記述することができます。例えば、次のようなコードです。
>
> ```
> let hisName: string;
> hisName = "田中";
> ```
>
> この場合、1行目が変数の宣言のみのコードであり、2行目が初期値を代入するコードです。そして、この1行目のように、変数の宣言のみを記述する場合は、型推論が利用できないので、必ずデータ型を記述する必要があります。とはいえ、わざわざ変数宣言と初期値の代入を別に記述する理由がない限りは、極力同時に行うようにしましょう。

### 3-2-6
## データ型の違いをもう一度意識しよう

型推論を利用し、データ型を書かなかったとしても、文字列を初期値とした時点でhisNameはstring型と決まります。そのstring型変数hisNameに対して、ここで、ひとつ実験をしてみましょう。リスト3-2の続きに、次のコードを記述するとどうなるでしょうか。

```
hisName = 789;
```

この場合、図3-7のようにエラーとなります。

```
TS showLiterals.ts     TS variables.ts ✕
chap03 > TS variables.ts > ...
  1    export{}
  2
  3    let hisName: string
  4    型 'number' を型 'string' に割り当てることはできません。 ts(2322)
  5
  6    問題を表示 (Alt+F8)　利用できるクイックフィックスはありません
  7  hisName = 789;
  8
```

**図3-7** 789の代入でエラーとなる

　問題パネル、あるいは図3-7のようなエラー吹き出しに表示されたエラー内容は次のように
なっています。

> 型 'number' を型 'string' に割り当てることはできません。

　この意味するところを解説していきます。

　先のコードでは、変数hisNameに、値789を代入する処理です。先述のように、hisName
はstring型変数です。そして、一度string型として用意された変数には、それ以外のデータ型
は代入できなくなるという仕組みがあります。

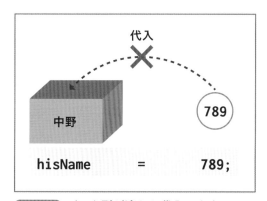

**図3-8** データ型が違うと代入できない

　先のコードは、string型変数に対して、789というnumber型データを代入しようとして、そ
のため、データ型の不一致が起こっています。図3-7で表示されたエラー内容は、この型の不一
致を、まさに指摘したものとなっています。

　このように、TypeScriptは、データ型を常に意識しながらコーディングする必要がある言語
なのです。

note

> データ型を英語で表記すると、Data Typeとなります。実は、TypeScriptという言語名は、
> このデータ型 (type) が由来です。Chapter 1でも説明した通り、JavaScriptに、データ型
> という仕組みを持ち込み、型を常に意識しながらコーディングできるようにした言語です。
> ここで紹介したように、変数の代入において、データ型が違うもの同士を、さも同じものの
> ように扱おうとすると、図3-7のように言語の仕組みとしてエラーになるようにしており、
> バグが入りにくいようにしています。この仕組みを、型安全といいます。

3-2-7
# もうひとつの変数宣言構文を知ろう

3-2-1項で構文として紹介したように、変数を宣言する場合、キーワードとして let を利用します。実は、let 以外にもうひとつ const も利用できます。違いを含めて実際のソースコードで確認しておきましょう。リスト 3-3 の letVsConst.ts を作成してください。

**リスト3-3** chap03/letVsConst.ts

```
001    export{}
002
003    let num1 = 56;    ❶
004    const num2 = 35;    ❷
005    console.log(num1);
006    console.log(num2);
007    num1 = 28;    ❸
008    num2 = 18;    ❹
009    console.log(num1);
010    console.log(num2);
```

作成を終えたら、コンパイルして実行したいところですが、❹でエラーとなっています（図3-9）。

```
TS showLiterals.ts      TS variables.ts      TS letVsConst.ts 1  ✕

chap03 > TS letVsConst.ts > ...
  1     export{}
  2
  3     let num1 = 56;
  4      const num2: 35
  5
        定数であるため、'num2' に代入することはできません。  ts(2588)
  6
  7      問題の表示 (Alt+F8)    クイック フィックス... (Ctrl+.)
  8     num2 = 18;
  9     console.log(num1);
 10     console.log(num2);
 11
```

**図3-9** リスト3-3の❹でエラーとなった画面

こちらを解決しなければ、コンパイルできません。エラー内容は、次の通りです。

定数であるため、'num2' に代入することはできません。

まず、ソースコードを見ていきましょう。リスト3-3の❶で変数num1を初期値56で宣言しています。同じように変数num2を❷で宣言しています。ただし、宣言キーワードとしてconstを利用しています。初期値は35です。なお、num1もnum2も型推論から、number型変数として扱われます。

その後、❸と❹で、それぞれの変数に新しい値を代入しています。その❹、すなわち、const

で宣言した変数num2への代入でエラーとなっています。エラー内容には、「定数であるため」
と書かれています。

　実は、constで宣言された変数は、初期値以外の値への変更ができない変数なのです。そういっ
た意味で、エラー文面にあるように、定数と考えることができます。

> **note**
>
> 少し難しい話になりますが、TypeScriptにおいてconst宣言は、完全に値が変更できない
> 固定値という意味での定数とは少し違い、より正確には、初期値以外に再代入ができない変
> 数という扱いです。このような変数のことを、**イミュータブル変数**(immutable variable:
> **不変変数**)といいます。「変」数なのに「不変」というのはおかしな話ですので、エラー文面
> にあるように、定数と考えても問題ありません。ただし、後のChapterで扱うように、全く
> 値が変えられないわけではないことには留意しておいてください。
> そのような内容を考慮して、本書では、const宣言したものを、あえて変数と表現すること
> にします。

　そして、変数を宣言する際、その変数のその後の利用方法を考えた場合、値を変更することの
方が少ないです。そのような変数には、うっかり値を変更されないように、constで宣言してい
る方が安全です。そのため、変数宣言を行う場合は、まず、constで行い、値の再代入が行われ
る場合にletを使う、とした方がよいでしょう。本書でも、この方針に従い、まず、constで宣
言し、必要に応じてletを利用するというコードを記述していくことにします。

> **note**
>
> TypeScriptの元となるJavaScriptには、古くから存在する変数宣言キーワードとして、
> varがあります。こちらは、もちろんTypeScriptでも利用できますが、現在、非推奨となっ
> ていますので、使わないようにしてください。

### 3-2-8
## コメントアウトという技を知ろう

　さて、リスト3-3の実行がまだです。エラーを解決してコンパイル、実行を行いましょう。こ
こでは、エラーの原因である❹を実行対象から外すことでエラーを解決したいと思います。その
場合、単に❹の行を削除してもよいですが、ソースコードとして残しておきたい場合というのも
あります。そのようなときに便利な方法として、**コメントアウト**というのがあります。2-4-5項
で紹介したコメントの方法を利用して、ソースコードをコメント化してしまうのです。実際には、
リスト3-4のような記述になります。

**リスト3-4** chap03/letVsConst.ts

```
　　　〜省略〜
001  console.log(num2);
002  num1 = 28;       ❸
003  // num2 = 18;     ❹
　　　〜省略〜
```

　リスト3-4の❹では、行頭にコメントを表す記号//が付与されています。これがコメントアウトされたコードであり、こうすることで、その行が実行対象から外れます。

> **note**
>
> VS Codeには、コメントアウト専用のショートカットがあり、Windowsならば `ctrl`+`/`、macOSならば `⌘`+`/`です。このショートカットは該当行1行だけコメントアウトする場合は、キャレットがある行がコメントアウトとなります。また、複数行を同時にコメントアウトすることもでき、その場合は、該当複数行を選択しておいて、ショートカットを入力します。

　これで、無事コンパイルと実行ができます。

実行結果

```
> tsc letVsConst.ts
> node letVsConst.js


56
35
28
35
```

　num1の値は変更されていますが、num2の値が変更されていないのが理解できるでしょう。

---

### ● ま と め ●

- 変数は、値を入れておける箱である。
- 変数を宣言する際は、letを記述する。
- 変数に初めて入れる値を初期値という。
- TypeScriptでのイコール記号（=）は、代入処理を表す。
- 変数にはデータ型がある。
- 変数宣言には、let以外にconstも利用できる。
- constで宣言した変数は、再代入できない変数となる。
- 変数宣言では、基本はconstを利用し、再代入したい変数の場合のみletとする。
- ソースコード中の実行対象から除外したい行はコメントアウトする。

## 3-3 演算子を使ってみる

変数の話はこれで一旦終了とし、話を演算子に移します。

### 3-3-1

## 演算子の基本を理解しよう

コンピュータは、データを計算してこそのものです。そのデータの計算のために、ソースコード中に記述する記号が**演算子**です。

実際にソースコードで見ていきましょう。リスト3-5のplusLiterals.tsを作成してください。

**リスト3-5** chap03/plusLiterals.ts

```
001    export{}
002
003    const ans = 712 + 442;   ❶
004    console.log(ans);
```

実行結果

```
> tsc plusLiterals.ts
> node plusLiterals.js


1154
```

リスト3-5の❶の右辺で使われている+がまさに演算子です。これは、算数でおなじみの足し算、つまり加算処理を行う演算子です。このような、算数でお馴染みの記号は、理解しやすいのではないでしょうか。

ただし、同じく算数でお馴染みの＝記号には、注意が必要です。算数や数学の＝は同値を表します。すなわち、＝の左辺と右辺が同じ値、という意味です。そのため、リスト3-5のコードは、プログラミングに慣れていないと左辺と右辺が同値を表す式のように思えてしまいます。しかし、3-2-4項で説明したように、TypeScriptでは、＝は代入です。その違いを理解しておく必要があります。

実は、リスト3-5の❶のコードは2段階の処理が含まれています。

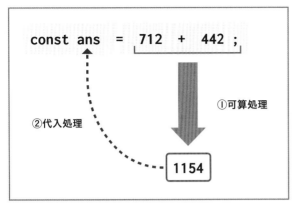

**図3-10** ＝で計算結果が代入される

　まず、右辺の演算子＋によって712と442の可算処理が行われます（図3-10中の①）。その計算結果として、1154が算出されます。その値1154が、＝によって変数ansに代入されます（図3-10中の②）。

　このように、＝が代入を表すことを常に意識しておいてください。

### 3-3-2
## 算術演算子を使ってみよう

　前項で紹介した、算数でお馴染みの＋も含めて、加減乗除の四則演算を行う演算子を算術演算子といいます。ここで、TypeScriptで利用できる算術演算子を一挙に紹介しましょう。リスト3-6のarithmeticOperations.tsを作成してください。

**リスト3-6** chap03/arithmeticOperations.ts

```
001  export{}
002
003  const num1 = 111;
004  const num2 = 10;
005
006  const ans1 = num1 + num2;   ❶
007  const ans2 = num1 - num2;   ❷
008  const ans3 = num1 * num2;   ❸
009  const ans4 = num1 / num2;   ❹
010  const ans5 = num1 % num2;   ❺
011  const ans6 = num1 ** num2;  ❻
012
013  console.log(ans1);
014  console.log(ans2);
015  console.log(ans3);
016  console.log(ans4);
017  console.log(ans5);
018  console.log(ans6);
```

実行結果

```
> tsc arithmeticOperations.ts
> node arithmeticOperations.js

121                    ❶の結果
101                    ❷の結果
1110                   ❸の結果
11.1                   ❹の結果
1                      ❺の結果
283942098606901560000  ❻の結果
```

　リスト3-6では、111という値を変数num1、10という値を変数num2とし、それぞれの算術演算子を使って計算を行っています。❶と❷は算数でお馴染みの、加法と減法です。乗法と除法に関しては、掛け算記号（×）や割り算記号（÷）の半角記号がありませんので、TypeScriptでは、代わりの記号として乗法は❸の*、除法は❹の/を使います。ここまでの内容は、実行結果を見ても納得いくでしょう。

　次に、❺と❻を見ておきましょう。これは、プログラミング独特の記号です。❺の%は、割り算のあまりを表します。実行結果の1というのは、確かに111を10で割ったあまりです。

　❻は、実行結果を見るとかなり大きな数値になっています。**は累乗を表します。ということは、❻は111の10乗の計算結果であり、確かに大きな数値になるのもうなづけます。

　なお、今一度、算術演算子を表3-4にまとめておきます。

| 演算子 | 内容 |
|--------|------|
| + | 加算 |
| − | 減算 |
| * | 乗算 |
| / | 除算 |
| % | 剰余 |
| ** | 累乗 |

表3-4　算術演算子

note

　リスト3-5では、712と442という数値リテラルを演算しています。一方、リスト3-6では、num1とnum2という変数を演算しています。このリテラルでも変数でも、演算対象となる値のことを、オペランドといいます。

### 3-3-3
## 文字列を結合させてみよう

　足し算を表す算術演算子+は、別の顔を持っています。次に、それを紹介します。リスト3-7のstringJoin.tsを作成してください。

**リスト3-7**　chap03/stringJoin.ts

```
001  export {}
002
003  const label = "お名前: ";  ❶
004  const name = "しんちゃん";  ❷
005
006  const joinedStr = label + name;  ❸
007  console.log(joinedStr);
```

実行結果

```
> tsc stringJoin.ts
> node stringJoin.js


お名前: しんちゃん
```

　リスト3-7では、❶で文字列変数labelを初期値「お名前: 」で、❷で同じく文字列変数name
を初期値「しんちゃん」で用意しています。そして、実行結果を見ると、この2個の文字列変数
が結合したような内容になっています。まさに、その文字列結合を行っているのが、リスト3-7
の❸であり、その際利用されている演算子が+と、足し算と同じなのです。

　このように、演算子+は、足し算と文字列結合、2個の働きがあるのを理解しておいてください。

### 3-3-4
### テンプレートリテラルを使ってみる ● ● ● ● ● ● ● ● ● ● ● ● ● ● ● ● ● ● ●

　文字列結合をもう少し進めてみます。

　ここで、リスト3-7を参考にして、「あなたのお名前は、しんちゃんです。」と表示させたいと
します。しかも、「しんちゃん」が別変数とします。これは、いわば、「あなたのお名前は、〇〇
です。」という定型文の「〇〇」に変数の内容をはめ込むような処理といえます。その際、これま
での知識で思いつくコードというのは、リスト3-8のstringJoin2.tsのようなコードでしょう。
このstringJoin2.tsを作成してください。

**リスト3-8**　chap03/stringJoin2.ts

```
001  export {}
002
003  const name = "しんちゃん";  ❶
004  const nameOutput = "あなたのお名前は、" + name + "です。";  ❷
005
006  console.log(nameOutput);
```

実行結果

```
> tsc stringJoin.ts
> node stringJoin.js
```

> あなたのお名前は、しんちゃんです。

　無事、目的の表示ができました。

　リスト3-8では、前提通り、❶で名前を表す変数nameを用意しています。そして、定型文である「あなたのお名前は、〇〇です。」の「〇〇」の前後で文字列を分け、それぞれ、「あなたのお名前は、」と「です。」の文字列リテラルとします。これら文字列リテラルと、❶の文字列変数nameの3個を文字列結合し、目的の表示用文字列を生成しているのが、❷です（図3-11）。

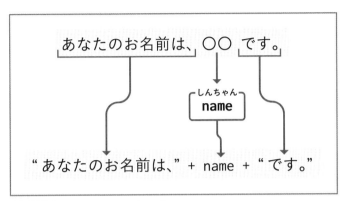

**図3-11** リスト3-8の考え方

　このような、文字列リテラルの中に文字列変数を埋め込むパターンの場合、リスト3-8で紹介したリテラル部分を分割して、変数を含めて文字列結合をする、という方法でももちろん可能です。

　一方、TypeScriptには、文字通り文字列リテラルに変数を埋め込める構文があります。それを次に紹介します。リスト3-9のtemplateLiterals.tsを作成してください。なお、実行結果は、リスト3-8と同じです。

**リスト3-9** chap03/templateLiterals.ts

```
001  export {}
002
003  const name = "しんちゃん";
004  const nameOutput = `あなたのお名前は、${name}です。`;  ❶
005
006  console.log(nameOutput);
```

　リスト3-8からの変更点は、❶だけです。一番大きな違いは、文字列を囲む記号が、**バッククォーテーション**（`）になっている点です。

> **note**
>
> バッククォーテーションをキーボードで入力するには、 Shift + @ キーを押します。意外とわかりにくいところにあり、@ キーは P の右横です。

　そして、このバッククォーテーションで囲んだ文字列リテラルを、**テンプレートリテラル**、あるいは、**テンプレート文字列**といいます。このテンプレートリテラルの一番の特徴は、そのリテラル中に変数を ${…} の形で直接記述できる点です。この記述を**プレースホルダ**といい、プレースホルダ中の変数は、その値に展開してくれます（図3-12）。

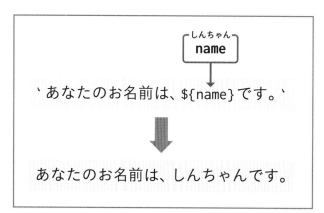

`あなたのお名前は、${name} です。`

あなたのお名前は、しんちゃんです。

**図3-12** テンプレートリテラル中のプレースホルダでは変数を展開

　このテンプレートリテラルとプレースホルダを利用すると、文字列結合が不要となり、非常に便利です。

> **note**
>
> リスト3-9では、プレースホルダ中の変数として記述したnameは、String型変数でした。このプレースホルダには、String型変数以外も記述できますし、例えば、次のコードのように、計算式も記述できます。
>
> ```
> let nextOutput = `次の値は${num + 1}です。`;
> ```
>
> また、テンプレートリテラル中では、ダブルクォーテーションもシングルクォーテーションも、エスケープする必要はなく、次のように、そのまま記述できます。
>
> ```
> const message = `文字列中のダブルクォーテーション"には注意が必要`;
> ```

● **まとめ** ●

- 変数やリテラルを演算する際には、専用の記号である演算子を利用する。
- 演算対象のことをオペランドという。
- +演算子には、足し算処理と文字列結合のふたつの役割がある。
- 文字列リテラルに変数を埋め込む場合は、テンプレートリテラルとプレースホルダが便利。

# 3-4 代入演算子と演算子の優先順位を理解する

ここまで紹介してきた演算子は、算術演算子とその算術演算子のひとつである＋演算子の別の顔でした。このChapterの最後に、実はこれまで知らない間に使ってきた演算子と演算子の優先順位を紹介します。

### 3-4-1
## 演算子には優先順位があることを理解しよう

実は、算術演算子と文字列結合の＋演算子以外に、既に紹介している演算子があります。それは、＝の代入です。よく考えたら、この代入というのも、ひとつの演算です。そのため、＝は**代入演算子**とよばれます。

となると、ひとつ疑問が湧きます。これまでの説明は、全て、＝の右辺の演算の説明のみでした。演算が無事終わった後に、その値を変数に代入することを前提としてきています。それは、例えば、リスト3-5の❶を図解した図3-10でも、代入処理が加算処理の後、と説明しています。

その種明かしをしておきましょう。演算子には、処理の順番が決まっています。例えば、＋演算子と＝演算子では、必ず、＋演算子を先に行う仕組みとなっています。これを、**演算子の優先順位**といいます。この、演算子の優先順についても、実は算数で教わっています。例えば、次の計算の場合、×から先に行うでしょう。

```
3 + 8 × 2
```

TypeScriptでも同じで、上の式を変数に置き換えた処理でも、同様の順序で計算を行います。

```
const ans = num1 + num2 * num3
```

順序は、次の通りです。

❶ num2 * num3
❷ num1 + ❶の結果
❸ ❷の結果をansに代入

```
              ❸        ❷        ❶
  const ans  =  num1  +  num2  *  num3
```

**図3-13** 演算順序を意識しよう

　もし演算子本来の優先順位とは違う順序で演算させたい場合は、()を使います。例えば、次のような記述です。

```
const ans = (num1 + num2) * num3
```

順序は、次の通りです。

❶ num1 + num2
❷ ❶の結果 * num3
❸ ❷の結果をansに代入

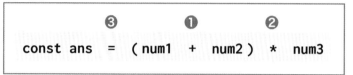

**図3-14** 演算順序を変更したい場合は()を使う

　とはいえ、この()の使い方も算数と同じですね。

　算数でお馴染みの演算子に関する優先順位も含めて、TypeScriptでの演算子の優先順位を表3-5にまとめておきます。とはいえ、この演算子の優先順位は覚えるものではなく、そういうものがある、とだけ理解しておき、必要に応じて、表3-5を参照するようにしてください。そのため、表3-5には未登場の演算子もあえて掲載しています。

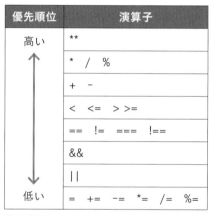

| 優先順位 | 演算子 |
|---|---|
| 高い | ** |
| | *　/　% |
| | +　- |
| | <　<=　>　>= |
| | ==　!=　===　!== |
| | && |
| | \|\| |
| 低い | =　+=　-=　*=　/=　%= |

**表3-5** TypeScriptの主な演算子の優先順位

### 3-4-2
## 複合代入演算子を使ってみよう ● ● ● ● ● ● ● ● ● ●

　さて、話を=に戻します。=が演算子のひとつとわかったところで、この代入処理をもう少し掘り下げていきます。まず、リスト3-10のassignmentOperator.tsを作成してください。

**リスト3-10** chap03/assignmentOperator.ts

```
001  export{}
002
003  let num = 150;
004  num = num + 5; ❶
005  console.log(`numの値: ${num}`);
006  num += 10; ❷
007  console.log(`numの値: ${num}`);
```

実行結果

```
> tsc assignmentOperator.ts
> node assignmentOperator.js


numの値: 155
numの値: 165
```

note

> リスト3-10では、コンソール表示のconsole.log()の()内に直接テンプレートリテラルを記述しています。もちろん、このような記述も可能で、正常に表示できます。この方法を採用すると、変数を表示させる際に、「numの値:」のようなラベルを付与できるので、実行結果の確認においてわかりやすくなります。

リスト3-10では、数値変数numを初期値150で用意し、❶で演算を行っています。演算子としては、代入の＝と足し算＋が記述されています。これまで説明してきたように、＋演算が先に行われますので、変数numに5を足した値が演算されます。その後、代入処理が行われます。ここまでは復習になります。今までと違うところは、その代入先が、自分自身であるnumだということです（図3-15）。

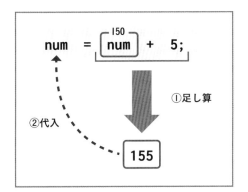

図3-15 演算結果を自分自身に代入

❶のようなコードは、数学の目で見れば不可解ですが、プログラミングでは、変数を使った演算結果を、自分自身に代入するという処理はよくあります。これも、＝が代入演算であること、演算子には優先順位があることが理解できていれば、特に疑問点のないコードです。

そのような自分自身への演算結果の代入というのはよくあることなので、専用の演算子が用意されています。それが、リスト3-10の❷の＋＝です。この演算結果を、自分自身に再代入する演算子を、**複合代入演算子**といい、リスト3-10の❷で紹介した加法だけでなく、算術演算子の全てにあります。どのようなものがあるのかを、表3-6にまとめておきます。

| 演算子 | 内容 |
|---|---|
| = | 代入 |
| += | 加法代入 |
| -= | 減算代入 |
| *= | 乗算代入 |
| /= | 徐算代入 |
| %= | 剰余代入 |
| **= | 累乗代入 |

**表3-6** TypeScriptの代入演算子

> **note**
>
> リスト3-10では、変数宣言にconstではなく、letを使っています。これは、❶や❷で変数numに対して再代入が行われるからです。3-2-7項で説明したように、この変数宣言をconstにすると、❶や❷での再代入ができなくなります。
> このように、constとletを使い分けるようにしてください。

### 3-4-3 インクリメントとデクリメントを知ろう

変数自身に再代入する演算において、その値が1の場合にはさらに特殊な演算子が用意されています。次に、それを紹介します。リスト3-11のincrementAndDecrement.tsを作成してください。

**リスト3-11** chap03/incrementAndDecrement.ts

```
001    export{}
002
003    let num = 50;
004    num++;    ❶
005    console.log(`numの値: ${num}`);
006    num--;    ❷
007    console.log(`numの値: ${num}`);
```

実行結果

```
> tsc incrementAndDecrement.ts
> node incrementAndDecrement.js


numの値: 51
numの値: 50
```

リスト3-11で新たに登場した演算子は、❶と❷です。❶の演算子 ++ は、実行結果からわかるように、その処理後に変数の値が1増加しています。これは、次のコードと同じ意味となります。

```
num = num + 1;
```

あるいは、前項で紹介した複合代入演算子で記述すると次のようになります。

```
num += 1;
```

このように、変数の値を1増加させる演算子を**インクリメント**演算子といいます。

逆に、リスト3-11の❷の -- は、**デクリメント**演算子といわれ、変数の値を1減少させる処理となります。これは、次のコードと同じです。

```
num = num - 1;
```

インクリメントと同様に、複合代入演算子で記述すると次のようになります。

```
num -= 1;
```

> note
>
> インクリメント演算子とデクリメント演算子は、変数の前後それぞれに置くことができます。リスト3-11では、後置で記述しています。一方、前置にすると次のような記述になります。
>
> ```
> ++num;
> --num;
> ```
>
> 前置と後置の違いは、その優先順位の違いです。もっとも、優先順位が問題になるのは、例えば、次のコードのように他の演算子と組み合わせた場合です。この例では、代入演算子 = と組み合わせています。
>
> ```
> const result1 = ++num1;
> const result2 = num2++;
> ```
>
> この、インクリメント演算子とデクリメント演算子の前置と後置の問題は、非常にややこしく、きっちり理解した上で使わないとバグの温床になってしまいます。そこで、実際のコーディングにおいて、インクリメント演算子やデクリメント演算子と他の演算子を組み合わせて使うことは避けられています。つまり、単独で使われることがほとんどであり、その場合は、リスト3-11のように、後置で記述します。

● ま と め ●

- 演算子には優先順位があることを理解しよう。
- 演算子本来の優先順位と違う順序で演算させたい場合は、()を使う。
- 同じ変数に値を再代入する処理は、プログラミングではよく利用する。
- 同じ変数への再代入には専用の演算子が用意されている。
- 値を1増減させる専用の演算子がある。

## 練 習 問 題

### 3-1

**問1** 変数myNameを用意し、自分の名前を格納します。その変数の値を表示させるshowMyName.tsファイルをchap03フォルダーに作成し、実行しましょう。

**問2** showMyName.tsをchap03フォルダー内に丸々コピーし、showMyName2.tsとします。その上で、「私の名前は…です。」と表示させるように改造しましょう。「…」の部分は各自の名前とし、テンプレート文字列を使用します。

### 3-2

**問3** 変数num1を初期値500で、変数num2を初期値50で用意します。num1とnum2を演算した結果を格納した変数ansが10だとします。これらの処理を踏まえて、次のように表示させるoperation1.tsをchap03フォルダーに作成し、実行しましょう。

実行結果

```
num1は500
num2は50
計算結果ansは10
```

### 3-3

**問4** 変数num1は初期値10です。このnum1を5倍します。その処理を踏まえて、次のように表示させるoperation2.tsをchap03フォルダーに作成し、実行しましょう。

実行結果

```
num1は10です。
num1を5倍すると50です。
```

**問5** 変数num1は初期値10で、変数num2は初期値3です。このnum1をnum2で割ったあまりをansとし、それぞれの値を表示させます。さらに、ansに1足した値を表示させます。そのような処理を記述したoperation3.tsをchap03フォルダーに作成し、実行しましょう。表示結果は次のようになります。

実行結果

```
num1は10
num2は3
num1÷num2のあまりansは1
さらに1足すと2
```

Chapter

# 4

# 条件分岐を理解する

Chapter 3では、変数と演算子を学びました。これで、さまざまな演算処理が行えるようになりました。ただし、これらの変数や演算子を利用しながらより高度なプログラミングを行おうとすると、実行順序を制御する方法を学ぶ必要があります。これらは、制御構文と呼ばれます。このChapterでは、条件に応じて処理を分岐する方法を紹介します。

# 4-1 条件分岐の基本の if を知る

このChapterでは、実行順序を制御する構文のひとつを学びます。そもそも、実行順序はどのように決められているのでしょう。その確認から行っていきます。

### 4-1-1
## プログラムの実行順序を意識しよう

リスト4-1は、Chapter 3のリスト3-10を再掲載したものです。

**リスト4-1** chap03/assignmentOperator.ts

```
001  export{}
002
003  let num = 150;  ❶
004  num = num + 5;  ❷
005  console.log(`numの値: ${num}`);  ❸
006  num += 10;  ❹
007  console.log(`numの値: ${num}`);  ❺
```

実行結果

| |
|---|
| numの値: 155 |
| numの値: 165 |

このリスト4-1の処理の流れを図にすると、図4-1のようになります。

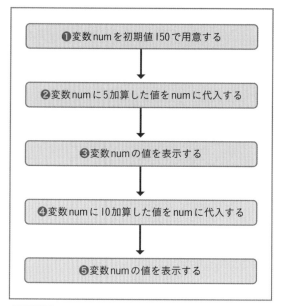

**図4-1** リスト4-1の処理の流れ

　ここでのポイントは、次の2点にまとめられます。

・ソースコード上の1文がひとつの処理単位である
・ソースコードに記述した順番どおりに処理が実行される。

　順に補足します。

**・ソースコード上の1文がひとつの処理単位である。**

　例えば、リスト4-1の❶の次のコードは、letからセミコロン (;) までが1文であり、ひとつの処理単位です。

```
let num = 150;
```

　図4-1にある通り、この1文で「変数numを初期値150で用意する」という処理を行います。

**・ソースコードに記述した順番どおりに処理が実行される。**

　このようなひとつの処理単位が、ソースコード上に記述した順番通りに実行されます。例えば、リスト4-1の❷の次のコードは、「変数numに5加算した値をnumに代入する」という処理です。

```
num = num + 5;
```

　そして、この❷のコードは、❶のコードの次の文として記述されているので、必ず、❶の「変数numを初期値150で用意する」という処理が実行された後に、❷の「変数numに5加算した値をnumに代入する」という処理が実行されます。これが逆転されることはありません。

　他の❸〜❺も同様です。図4-1中の矢印は、そのことを表しています。

　このように、ソースコード中の記述順序というのは、非常に重要な意味を持ち、記述順序がそのまま実行順序となります。

### 4-1-2
## 条件に合致した場合だけ処理を行う条件分岐構文 ・・・・・・・・

　では、図4-2のような処理を行いたい場合は、どうすればよいのでしょうか。

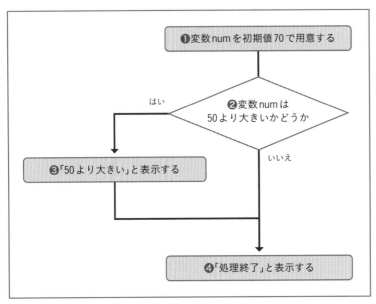

**図4-2** 条件分岐が含まれた処理の流れ

　ポイントは、❷です。❶で用意した変数numの値が50より大きいかどうかを調べ、大きい場合は、❸のように「50より大きい」と表示します。この❸の処理は、「変数numの値が50より大きい」という条件に合致した場合だけ行う処理です。

　このように、ある条件に合致した時にだけ処理を行う構文を、**条件分岐構文**といいます。また、条件分岐のように実行順序に変更を加える構文全体を、**制御構文**といいます。

> note
> 制御構文には、条件分岐の他に、繰り返し処理を行うループ構文があります。こちらは、Chapter 5で紹介します。

4-1-3
## 条件分岐構文の基本はifを使う

では実際に、図4-2の処理をソースコードで記述しましょう。

Chapterが変わったので、このChapter用のフォルダとして、ITBasicTypeScriptフォルダ内にchap04フォルダを作成し、その中にifStatement.tsファイルを作成してください。

> リスト4-2 chap04/ifStatement.ts

```
001   export{}
002
003   const num = 70;   ❶
004   if(num > 50) {   ❷
005       console.log("50より大きい");   ❸
006   }
007   console.log("処理終了");   ❹
```

実行結果

```
> tsc ifStatement.ts
> node ifStatement.js


50より大きい
処理終了
```

リスト4-2のソースコード中の番号は、図4-2の番号に対応しています。そのうち、❷が条件分岐構文に該当します。条件分岐構文の基本は、ifであり、次の書式となっています。

● if

```
if(条件) {
    条件に合致した場合に行う処理
}
```

この構文を、リスト4-2のコードに当てはめると、図4-3のようになります。

```
        条件
          ↓
  if(num > 50) {
      console.log("50より大きい");  ┐←── 条件に合致した場合に行う処理
  }
```

> 図4-3 リスト4-2の条件分岐コードの構文解説

　ifの次の（　）内に条件を記述します。その条件に合致する場合に、続く｛　｝ブロック内の処理が実行されます。

　リスト4-2では、図4-2のとおり、条件は「変数numは50より大きい」であり、これをコードにすると次のようになります。

```
num > 50
```

　このコードがそのまま（　）内に記述されています。

> **note**
>
> numと50の間に記述されている>は、算数の不等号「より大きい」と同じ記号です。TypeScriptでは、不等号はそのまま同じ意味の演算子として利用できます。これについては、4-3-1項で詳しく紹介します。

　条件に合致した場合の処理は、図4-3から「50より大きい」という表示処理であり、これが、if(…) に続く｛　｝ブロックに記述された❸のコードです。

### 4-1-4
## 条件に合致した処理の範囲を意識しよう

　ここでひとつ実験をしましょう。リスト4-2の❶のnumの初期値を、次のように40に変更して、ifStatement.tsを再度コンパイル、実行してみてください。

```
const num = 40;
```

実行結果
```
> tsc ifStatement.ts
> node ifStatement.js


処理終了
```

　numの値が40ですので、「50より大きい」という条件には合致せず、「50より大きい」という表示はされていません。一方、「処理終了」という表示、つまり、リスト4-2の❹は実行されています。

　条件分岐構文において、条件に合致した際に行われる処理は、あくまで｛　｝ブロック内に記述されたコードのみです。この｛　｝ブロックが処理の範囲を表します。このことは、常に意識するようにしてください。リスト4-2では、｛　｝ブロック内に記述されたコードは❸であり、このコードのみが条件に合致する際に実行されます。

　一方、❹は、｛　｝の外に記述されているために、条件分岐の影響を受けません。このことは、図4-2中にも記載されています。図4-2では、❷の◇から「いいえ」の矢印が❹へと繋がっています。つまり、❹の処理は、条件に合致する、しないに関係なく行われる処理を表しています（図4-4）。

```
const num = 70;
if(num > 50) {
    console.log("50より大きい");
}
console.log("処理終了");
```

← 条件に合致した場合に行う処理

← 条件に関係なく行われる処理

**図4-4** 条件に合致した際に行われる処理は{ }ブロック内のみ

**4**

条件分岐を理解する

note

TypeScriptのルールとしては、if構文において、{ }ブロック内のコードが1文の場合のみ、この波かっこを省略して、次のように記述できるようになっています。

```
if(num > 50)
    console.log("50より大きい");
```

ただし、この記述方法は、条件に合致した場合の処理範囲を不明瞭にするため、バグを生みやすいコードです。そのため、波かっこは省略せずに、必ず記述するようにしましょう。

### 4-1-5
## 乱数を利用してみる

リスト4-2では、numの値をあらかじめ記述しているため、条件に合致するかしないか、最初からわかってしまっています。これではおもしろくありません。そこで、実行のたびに値が変わるように乱数を利用していきましょう。

乱数は、その名の通り、不規則かつ等確率で現れる数値のことで、この乱数を利用することで、次に何が出るかわからない数値を扱うことができます。

実際にコーディングしましょう。リスト4-3のifStatementWithRandom.tsファイルを作成してください。

**リスト4-3** chap04/ifStatementWithRandom.ts

```
001   export{}
002
003   const num = Math.round(Math.random() * 100);  ❶
004   console.log(`numの値: ${num}`);  ❷
005   if(num > 50) {  ❸
006       console.log("50より大きい");  ❹
007   }
008   console.log("処理終了");  ❺
```

実行結果

```
> tsc ifStatementWithRandom.ts
> node ifStatementWithRandom.js
```

```
numの値: 58
50より大きい
処理終了
```

　ifStatementWithRandom.tsは乱数を利用するので、実行するたびに結果が違います。上記
実行結果は一例であり、条件に合致した場合の表示例です。条件に合致しない場合の表示例は、
次のとおりです。

実行結果
```
> node ifStatementWithRandom.js

numの値: 7
処理終了
```

　リスト4-3の処理の流れを図にすると、図4-5のようになります。

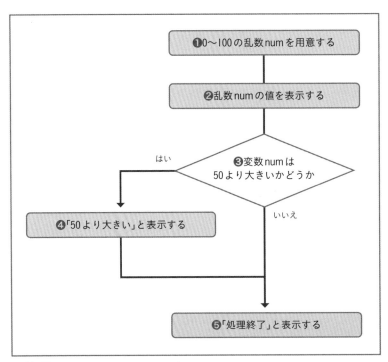

**図4-5**　リスト4-3の処理の流れ

　リスト4-3の❸〜❺は、リスト4-2の❷〜❹と同じコードです。リスト4-2との違いは、❶で
あり、これが、乱数を利用しているコードです。0〜n（nな任意の自然数）の乱数を発生させる
には、次の構文を使います。

●0～n（nは任意の自然数）の乱数発生

```
Math.round(Math.random() * n)
```

　この構文に登場した**Math**は、console同様に、組み込みオブジェクトのひとつです。その Mathオブジェクトの**random**()メソッドが、0以上1未満の乱数を発生させるメソッドです。また、同じくMathオブジェクトの**round**()メソッドは、（　）内に記述した数値に対して四捨五入を行うメソッドです。

　ということは、まず、Math.random()というコードで、0以上1未満の乱数が発生します。それをn倍することで、0以上n未満の小数値となります。その値をMath.round()で処理することで、四捨五入され、結果、0～nの整数値を取得することができます。

　そのようにして取得した乱数は、その値が不明ですので、❷で一旦表示させます。以降の処理は、リスト4-2と同じです。

> **note**
>
> このChapterは条件分岐を学ぶChapterですので、ここで紹介した乱数処理については本筋ではありません。しかし、条件分岐において、条件に合致する場合の処理、しない場合の処理をより正確に理解するためには、乱数の利用は最適なのです。そのため、以降のサンプルでも、この乱数を利用していきます。

### 4-1-6
# インデントの大切さを理解しよう

　ところで、リスト4-2の表記では、❸のコードは1段右にずれています。これは、いわゆるインデント（字下げ）です。2-4-6項で説明したように、ソースコード中の改行や半角スペースは、実行時に無視されます。これは、インデントも同じで、インデントがなくても正しく実行されます。ただし、読みやすさという観点からは、改行同様に、このインデントは非常に重要です。そのため、{　}ブロック内は1段階インデントするように心がけてください。

　なお、TypeScriptでは、半角スペース2個をインデントとして使用することを推奨しています。VS Codeは、これを受けて、Tab キーを入力すると、自動で半角スペースに変換してくれる機能があります。.tsファイルを表示させているステータスバーでは、デフォルトで「スペース:4」と表示されている部分があります（図4-6）。

| 行 9、列 1 | スペース: 4 | UTF-8 | CRLF | TypeScript | 4.1.5 |

**図4-6** VS Codeのステータスバーでインデントに関する表示

　これをクリックすると、画面上部に図4-7のようなリストが表示されます。

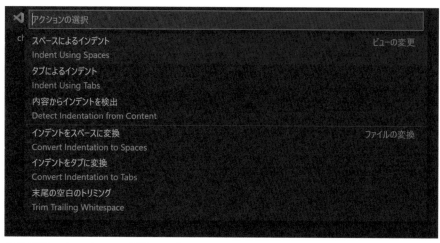

**図4-7** インデントの種類の選択

　表示されたリストから、Tab キーによるインデントをタブ記号で行うか、半角スペースで行う
かを選択できます。このリストから［スペースによるインデント］を選択すると、1段階のイン
デントで何個の半角スペースを利用するかの選択リストが表示されます（図4-8）。

**図4-8** インデントの半角スペースの個数の選択

　このリストから［2］を選択しておくことで、Tab キー入力を自動で半角2個に変換してくれます。
　このように、インデント設定を正しく設定しておくことで、簡単にインデントを入力すること
ができ、可読性を確保できます。

---

・ **ま と め** ・

- プログラムでは、ソースコードの1文がひとつの処理単位となる。
- プログラムでは、ソースコードの記述した順序通りの実行される。
- 制御構文は、プログラムの実行順序を制御する構文。条件に合致したときだけ
  処理を実行する場合に利用するのが条件分岐構文のif。
- 条件に合致した際に行う処理の範囲は、{ }ブロック内となる。
- 実行のたびに値を変えたい場合は乱数を使用する。

# 4-2 if構文の続きを知る

前節で紹介した条件分岐は不完全です。条件に合致しない場合、何も処理が行えません。そこを次に学びましょう。

### 4-2-1
## 条件に合致しない場合の処理を記述してみよう

リスト4-3に、条件に合致しない場合の処理を追加しましょう。図にすると、図4-9のようになります。

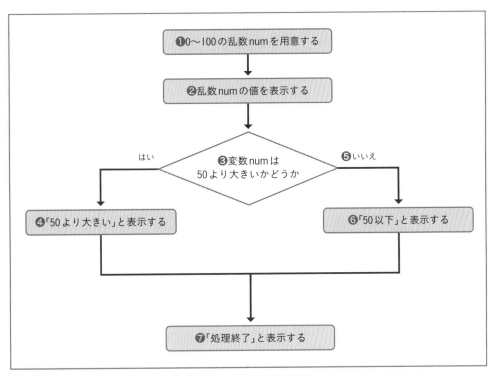

**図4-9** 条件に合致しない場合が追加された処理の流れ

このような処理を記述したリスト4-4のifElseStatement.tsファイルを作成してください。リスト4-4中の番号は、それぞれ、図4-9中の番号に対応しています。

**リスト 4-4** chap04/ifElseStatement.ts

```
001   export{}
002
003   const num = Math.round(Math.random() * 100);  ❶
004   console.log(`numの値: ${num}`);  ❷
005   if(num > 50) {  ❸
006       console.log("50より大きい");  ❹
007   } else {  ❺
008       console.log("50以下");  ❻
009   }
010   console.log("処理終了");  ❼
```

　今回も乱数を使用するので、実行結果はあくまで例であり、次の2パターンあります。

実行結果

```
> tsc ifElseStatement.ts
> node ifElseStatement.js

numの値: 64
50より大きい
処理終了
```

実行結果

```
> node ifElseStatement.js

numの値: 45
50以下
処理終了
```

　リスト4-4で新しい内容は、❺です。❸で「numが50より大きい」という判定を行っていますが、その条件に合致しない場合、つまり、「そうでない場合」というのを表すのが、❺の **else** です。if同様に、続く{　}ブロック内に処理を記述し、そのブロック内のコードのみ、条件に合致しない場合に実行されます。リスト4-4では、❻が該当します。

　リスト4-4の❼は、elseの{　}ブロック内にも、当然、ifの{　}ブロック内にも含まれていませんので、条件分岐の結果にかかわらず実行されます。そのため、実行結果では、どちらのパターンでも表示されていることが確認できます。

### 4-2-2
### 違う条件の場合の処理を記述してみよう ● ● ● ● ● ● ● ● ● ●

　前項でelseを学ぶことで、条件に合致した場合とそうでない場合の2種の処理が記述できるようになりました。もう少し話を進めて、条件を複数にしてみます。例えば、0～100の乱数を点数として、80以上がA判定、70以上がB判定、60以上がC判定、それ以外を不合格と判定する場合の処理です（図4-10）。

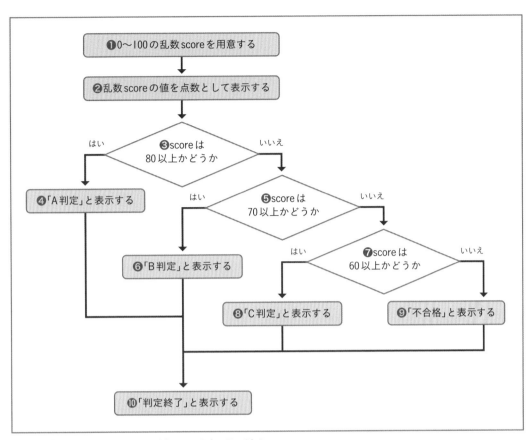

**図4-10** 複数の条件判定が含まれた処理の流れ

この処理をソースコードにすると、リスト4-5となります。showRank.tsを作成してください。

**リスト4-5** chap04/showRank.ts

```
001   export{}
002
003   const score = Math.round(Math.random() * 100);  ❶
004   console.log(`点数は${score}点です。`);  ❷
005   if(score >= 80) {  ❸
006       console.log("A判定");  ❹
007   } else if(score >= 70) {  ❺
008       console.log("B判定");  ❻
009   } else if(score >= 60) {  ❼
010       console.log("C判定");  ❽
011   } else {
012       console.log("不合格");  ❾
013   }
014   console.log("判定終了");  ❿
```

実行結果は4パターンあります。ここでは、ひとつだけ掲載します。

実行結果

```
> tsc showRank.ts
> node showRank.js


点数は84点です。
A判定
判定終了
```

note

「以上」を表す不等号は、≧ですが、これに該当する半角文字はありません。そこで、TypeScriptで記述する場合は、半角文字の>と=を組み合わせて、>=と記述します。

　リスト4-5のポイントは、❺と❼の**else if**です。ifとelseの間に、別の条件でさらに分岐を行いたい場合は、else ifを記述し、続く（　）内に条件を記述します。このelse ifを導入することで、複数の条件判定を含む条件分岐構文が完成します。

● if-else if-else

```
if(条件1) {
    条件1に合致した場合に行う処理
} else if(条件2) {
    条件2に合致した場合に行う処理
}
    :
} else {
    それ以外の場合に行う処理
}
```

　これまでみてきたように、ifのみ、ifとelseの組み合わせ、ifとelse ifとelseの組み合わせ、ifとelse ifの組み合わせが可能です。もちろん、リスト4-5のように、else ifは複数記述できます。

　ただし、どの場合も、必ずifから開始する必要があります。elseのみ、else ifのみ、あるいは、else ifとelseの組み合わせはエラーとなるので注意してください。

### 4-2-3
# ifとelse ifとelseのセットでは記述順序に注意する ......

前項で紹介した条件分岐構文は、ifとelse ifとelseでひとまとまりの処理となります。図
4-11を見てください。

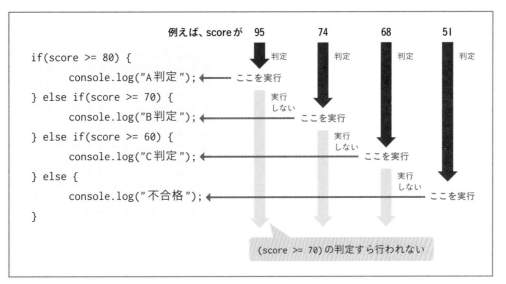

**図4-11** リスト4-5の条件判定の実行のパターン

この図は、リスト4-5の❸〜❾において、乱数として発生したscoreが95、74、68、51の場合、
それぞれの条件判定と実際に実行されるコードのパターンを示しています。例えば、95の場合
は、最初のif、つまり、リスト4-5の❸で、scoreが80以上かどうかの判定が行われ、条件に合
致するために❹のコードが実行されます。その後、❺〜❾については、全く実行されません。そ
のため、❺のscoreが70以上かどうかの判定すら実行されません。

74の場合は、❸の条件に合致しないため、当然❹のコードは実行されず、次の❺のscoreが
70以上かどうかの判定が行われます。ここで条件に合致するため、❻のコードが実行されます。
以降、❼〜❾は全く実行されません。

68、51も同様です。

このように、ifとelse ifとelseの構文は、この構文全体でワンセットの処理体系となり、ど
こかの条件に合致した場合、以降のコードは実行されないようになっています。

このことから、条件の記述順序を間違うと、バグとなります。実際にやってみましょう。リス
ト4-6のshowRankMiss1.tsを作成してください。

**リスト4-6** chap04/showRankMiss1.ts

```
001  export{}
002
003  const score = Math.round(Math.random() * 100);
004  console.log(`点数は${score}点です。`);
005  if(score >= 60) {  ❶
```

```
006        console.log("C判定");
007    } else if(score >= 70) {   ❷
008        console.log("B判定");
009    } else if(score >= 80) {   ❸
010        console.log("A判定");
011    } else {
012        console.log("不合格");
013    }
014    console.log("判定終了");
```

実行結果としては、例えば、明らかにバグとわかるパターンを掲載します。

実行結果

```
> tsc showRankMiss1.ts
> node showRankMiss1.js


点数は76点です。
C判定
判定終了
```

　実行結果として掲載した内容は、明らかにおかしいです。76点はB判定のはずですが、C判定と表示されています。これは、A判定になるはずの点、例えば、94点でもC判定と表示されます。実際に何回か実行して確認してください。

　このバグは、リスト4-6の❶、❷、❸の条件の記述順に原因があります。リスト4-5では、80→70→60と得点の高い方から順番に判定していました。一方で、リスト4-6では、60→70→80と得点の低い方から順番に判定しています。その結果、どのような処理が行われるかを、図4-11同様に、乱数として発生したscoreが95、74、68、51の場合で図にしたのが図4-12です。

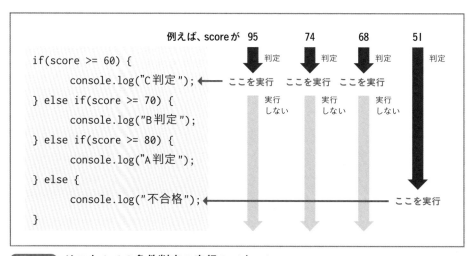

**図4-12**　リスト4-6の条件判定の実行のパターン

この図から明らかに、

```
else if(score >= 70) {
    console.log("B判定");
}
```

と

```
else if(score >= 80) {
    console.log("A判定");
}
```

の処理ブロックは、全く実行されないことがわかります。これが、バグの原因であり、つきつめれば、条件の記述順序を間違えたことに起因します。

そのため、ifとelse ifとelseの条件分岐構文を利用するときは、ひとつの処理のかたまりであることを意識し、条件の記述順序に注意するようにしてください。

### 4-2-4
# ifの積み重ねとの違いを理解しよう ・・・・・・・・・・・・・・・・・・

条件分岐構文がひとつの処理のかたまりということに関連して、もうひとつ注意しなければならないことがあります。こちらは、先にソースコードを紹介してから説明します。リスト4-7のshowRankMiss2.tsを作成してください。

**リスト4-7** chap04/showRankMiss2.ts

```
001  export{}
002
003  const score = Math.round(Math.random() * 100);
004  console.log(`点数は${score}点です。`);
005  if(score >= 80) {  ❶
006      console.log("A判定");
007  }
008  if (score >= 70) {  ❷
009      console.log("B判定");
010  }
011  if (score >= 60) {  ❸
012      console.log("C判定");
013  } else {
014      console.log("不合格");
015  }
016  console.log("判定終了");
```

　実行結果としては、リスト4-6同様、一番おかしなパターンを掲載します。

実行結果

```
> tsc showRankMiss2.ts
> node showRankMiss2.js


点数は87点です。
A判定
B判定
C判定
判定終了
```

　リスト4-5との違いは、❷と❸がelse ifではなく、単なるifになっている点です。実行結果例の87点の場合は、本来A判定だけ表示されればよく、実行結果のように不要なB判定とC判定の表示まで行われているのは、まさに、このelse ifの代わりにifを使ったのが原因です。
　リスト4-7の処理の流れを図にすると、図4-13のようになります。

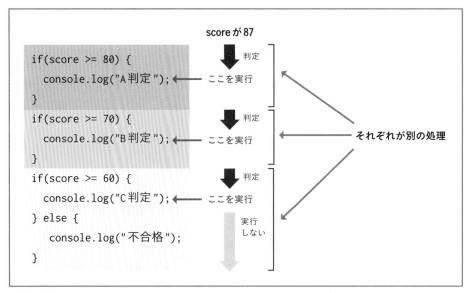

**図4-13** **リスト4-7の処理パターン**

　リスト4-5では、scoreが80以上かどうか、70以上かどうか、60以上かどうか、それ以外かの判定が、ifとelse ifとelseというひとつの処理のかたまりでした。一方、リスト4-7では、scoreが80以上かどうかがひとつのifブロック（リスト4-7の❶）、70以上かどうかがひとつのifブロック（リスト4-7の❷）、60以上かそれ以外かがifとelseブロック（リスト4-7の❸）というコードになっており、その場合は、それぞれが別々の処理として各々実行されることになります。その結果、実行結果例のように、scoreが87の場合は、リスト4-7の❶〜❸のすべての条件に合致してしまい、それらがすべて実行されてしまいます。
　リスト4-7では、そのような処理は不具合となりますが、このように条件判定を各々独立で行わないといけない場合というのも、当然あり得ます。
　条件分岐を記述する場合は、リスト4-5のように、ifとelse ifとelseとしてひとつの処理のか

たまりとして記述するのか、リスト4-7のように、ifブロックの積み重ねとして記述するのかを意識的に区別して、使い分けるようにしましょう。

---

**COLUMN** **VS Codeのコマンドパレット**

VS Codeには、コマンドパレットという機能があります。コマンドパレットの表示は、[表示]メニューから[コマンドパレット]を選択します。ショートカットもあり、通常はショートカットで呼び出します。ショートカットは、ctrl + Shift + P（macOSは⌘ + Shift + P）です。すると、図4-C1のように画面上部に入力窓が現れます。

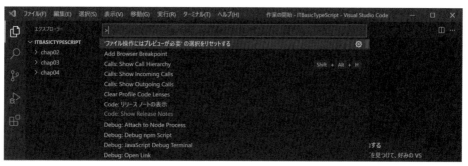

**図4-C1** 表示されたコマンドパレット

この入力窓の左端に、図4-C1のように「>」と入力されている場合は、コマンドが入力でき、VS Codeのさまざまな機能が利用できます。入力に応じて候補も表示されます。図4-C2は、試しに「indent」と入力したコマンドパレットです。

**図4-C2** コマンドパレットに「indent」と入力

---

・ まとめ ・

- 条件分岐構文で、条件以外の処理を記述する場合はelseブロックを使う。
- 条件分岐構文で、if以外の条件判定を行いたい場合は、else ifを使う。
- 複数の条件判定を含む条件分岐構文は、ifとelse ifとelseの組み合わせでひとつの処理のかたまりとなる。
- 条件分岐構文で複数の条件を記述する場合は、条件の記述順序に注意する。
- 複数の条件分岐では、ifとelse ifとelseのひとつの処理とさせるのか、ifを積み重ねて使うのかの使い分けを意識する。

# 4-3
# 条件の性質を知る

前節で、条件分岐の書き方を一通り学んだことになります。本節では、条件分岐の条件部に注目していきます。

### 4-3-1
### 条件式に登場する演算子を学ぼう

　これまで登場したソースコード中の条件部分、つまり、ifやelse ifに続く（　）内に記述されたコードでは、より大きいを表す > や、以上を表す >= が使われていました。これらは、TypeScriptの演算子のひとつです。これらの演算子は、左右の値（オペランド）を比較する役割があることから、**比較演算子**と呼ばれています。比較演算子として他にどのようなものがあるかは、表4-1にまとめてあります。

| 演算子 | 内容 |
|--------|----------|
| == | 等しい |
| != | 等しくない |
| > | より大きい |
| < | より小さい |
| >= | 以上 |
| <= | 以下 |

**表4-1** TypeScriptの比較演算子

### 4-3-2
### ＝と＝＝の違いを意識しよう

　表4-1中の>、<、>=、<=に関しては、算数の不等号と同じ働きですので、特に問題はないでしょう。一方、注意が必要なのは、「値が等しいかどうか」の条件判定を行いたい場合です。こちらについては、ソースコードを交えて話を進めていきましょう。リスト4-8のoddOrEven.tsを作成してください。

**リスト4-8** chap04/oddOrEven.ts

```
001  export{}
002
003  const num = Math.round(Math.random() * 100);
004  console.log(`numの値: ${num}`);
005  const rem = num % 2; ❶
006  if(rem == 0) { ❷
007      console.log("偶数");
008  } else {
009      console.log("奇数");
010  }
011  console.log("処理終了");
```

実行結果として、次の2パターンあります。

```
> tsc oddOrEven.ts
> node oddOrEven.js


numの値: 22
偶数
処理終了
```

実行結果

```
> node oddOrEven.js


numの値: 39
奇数
処理終了
```

リスト4-8は、乱数で発生した数値が、偶数か奇数かを判定するコードです。プログラムで偶数か奇数かを判定するには、その数値を2で割った余りで判定します。余りが0ならば偶数、1ならば奇数です。3-3-2項で紹介したように、TypeScriptで余りを計算する演算子は%であり、そのコードがリスト4-8の❶です。計算された余りは、変数remです。このremが0かそれ以外かの判定を行っているのが、❷です。その際、比較演算子として使うのが、「==」とイコール2個です。算数では、同値を表す記号は=とイコール1個ですが、3-2-4項で説明したように、TypeScriptでイコール1個は代入を表します。このイコール1個と2個とで意味がかなり変わってくる点には注意しておいてください。

特に、==と記述するところを、=と記述してもエラーにならない場合があり、その場合は注意が必要です。リスト4-8では変数remがconst宣言ですので、❷で==の代わりに=と記述すると、再代入不可のエラーとなります。一方、このremが、次のようにletで宣言されていた場合、エラーになりません。

```
let rem = num % 2;
if(rem = 0) {
```

ただしこの場合、コンパイル、実行ともにエラーとならない一方で、実行結果は常に奇数として表示されてしまいます。明らかにバグとなるので注意してください。

> **note**
>
> 表4-1にもあるように、値が同じではない、を表す演算子は!=です。例えば、リスト4-8の❷の条件部分を!=とした場合、条件に合致した場合の処理は「奇数」と表示されることになります。
>
> ```
> if(rem != 0) {
>     console.log("奇数");
> }
> ```

### 4-3-3
## 比較演算子の演算結果の特徴を学ぼう ・・・・・・・・・・・

　これまで紹介してきた比較演算子を使った条件式というのは、例えば、「numが50より大きいかどうか」や「scoreが80以上かどうか」、「remが0と同じかどうか」といったものでした。これらの条件判定の答え、つまり演算結果は、すべて、「はい」、または、「いいえ」で答えることができます。この「はい」の場合というのは、例えば、「numが50よりおおきいか」を表す次のコードの演算結果が「正しい」、つまり、真という判断であり、これを **true** で表します。

```
num > 50
```

　同様に、「いいえ」の場合は、「正しくない」、つまり、偽という判断であり、これを **false** で表します。

　このことから、比較演算子による演算結果というのは、このtrueかfalseの2個の値で表すことができ、この2値のことを **bool** 値といいます。そして、条件分岐のifやelse ifに続く（　）内には、このbool値を表すものを記述することになっているのです。

> note
>
> 厳密には、ifやelse ifに続く（　）内には、bool値以外も記述できます。その場合は、undefined、null、NaN、空文字はfalse、それ以外はtrueとして扱われます。

### 4-3-4
## true/false を表す変数を学ぼう ・・・・・・・・・・・

　TypeScriptには、このtrue/falseの2値、つまり、bool値を表すデータ型が存在し、それが、3-2-3項で紹介したboolean型です。また、このboolean型変数を利用することで、比較演算子の演算結果を変数に格納することが可能です。実際にそのようなソースコードを記述してみましょう。リスト4-9のoddOrEven2.tsを作成してください。リスト4-8との違いは、❶と❷だけです。

> リスト4-9　chap04/oddOrEven2.ts

```
001  export{}
002
003  const num = Math.round(Math.random() * 100);
004  console.log(`numの値: ${num}`);
005  const rem = num % 2;
006  const cond = (rem == 0);   ❶
007  if(cond) {   ❷
008      console.log("偶数");
009  } else {
010      console.log("奇数");
011  }
012  console.log("処理終了");
```

実行結果はリスト4-8と同じです。

リスト4-9の❶では、=の右辺に次の比較演算が記述されています。

```
rem == 0
```

先述の通り、この演算結果はtrueかfalseです。この値を変数condに格納しています。そのため、このcondはboolean型変数となります。

> **note**
>
> リスト4-9の❶では、=の右辺を（ ）でくくり、こちらから優先的に演算するような表記にしています。実は、この（ ）はなくても問題なく動作します。というのは、3-4-1項で紹介したように、演算子の優先順位として、=よりも==の方が高いからです。
> とはいえ、（ ）でくくっておいた方が見やすいですね。

そして、ifに続く（ ）内にはbool値を表すものを記述することになっていることから、このboolean型変数condをそのまま記述することができます。それが、リスト4-9の❷です。

もちろん、リスト4-9のように変数condを利用するのではなく、リスト4-8のように、条件部分に直接条件式を記述した方がスッキリしたコードになります。一方で、もし、「remが0かどうか」という条件分岐がソースコード中のさまざまな場所で登場するならば、condという変数を用意することで、条件式を毎回記述する必要がなくなります。両方の方法を知っておいて損はありません。

> **note**
>
> リスト4-9の❶は、型推論（3-2-5項参照）を使って変数condのデータ型を記述していませんが、もし記述するならば、次のコードとなります。
>
> ```
> const cond: boolean = (rem == 0);
> ```

### ● まとめ ●

- ◍ 左右のオペランドを比較する演算子を比較演算子という。
- ◍ 比較演算の演算結果は、trueかfalseのどちらかの値である。
- ◍ trueとfalseの2つの値をbool値といい、bool値を格納するデータ型をboolean型という。
- ◍ 比較演算の演算結果は、ひとつのboolean型変数に格納できる。
- ◍ 条件分岐構文の条件部分にはbool値を表すものを記述する。

# 4-4 複数の条件分岐を組み合わせてみる

条件分岐構文は、入れ子にすることができます。次にそのことを学びましょう。

### 4-4-1
## ifブロックの中に条件分岐構文を入れてみる

入れ子というのは、条件分岐構文の中に条件分岐構文が含まれた状態です。実際にソースコードを見ていきましょう。リスト4-10のnestedIf.tsを作成してください。

**リスト4-10** chap04/nestedIf.ts

```
001  export { }
002
003  const num = Math.round(Math.random() * 100);
004  console.log(`numの値: ${num}`);
005  if(num % 2 == 0) {      ❶
006      console.log("2の倍数");      ❷
007      if(num % 3 == 0) {
008          console.log("3の倍数");      ❸
009      }
010  } else {
011      console.log("2の倍数ではない");      ❹
012  }
013  console.log("処理終了");
```

実行結果として、numの値が78の例を掲載します。

実行結果
```
> tsc nestedIf.ts
> node nestedIf.js


numの値: 6
2の倍数
```

| 3の倍数 |
| 処理終了 |

　リスト4-10では、❸のifブロックが❶のifブロックの中に記述されています。このように、ifブロックの中に新たなifブロックを記述した状態が入れ子であり、このような入れ子の条件分岐コードは問題なく動作します。もちろん、elseブロックの中にifとelseのブロックを入れ子にしてもかまいませんし、else ifブロック内を入れ子にするなど、組み合わせは自由自在です。

### 4-4-2
## 入れ子の条件分岐では条件判定の流れに注意しよう ‥‥‥

　ただし、その処理の流れはきっちり把握しておく必要があります。入れ子になったifブロックは、外側のifの条件が成立した場合のみ条件判定が行われることに注意してください。リスト4-10では、❶の「numを2で割った余りが0かどうか」の条件に合致した場合のみ、❷の処理が行われるのと同様に、❸の「numを3で割った余りが0かどうか」の条件判定が行われます。この関係を図にしたのが図4-14です。

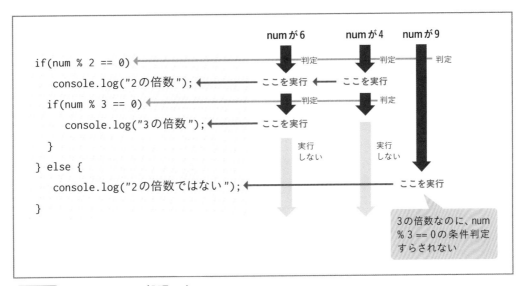

**図4-14** リスト4-10の処理パターン

　例えば、実行結果例のようにnumの値が6の場合、❶の条件に対してtrueですので、❷のコードが実行された上で❸の条件判定が行われます。さらに、❸の条件に対してもtrueですので、❸のブロック内のコードが実行されます。結果、「2の倍数」と「3の倍数」の両方が表示されることになります。

　次に、numの値が4の場合を考えてみましょう。これは、6同様に❶の条件に対してtrueですので、❷のコードが実行された上で❸の条件判定が行われます。ただし、この条件に対してfalseです。そのため、❸のブロック内のコードは実行されません。

　最後に、numの値が9の場合を考えてみましょう。これは、❶の条件に対してfalseですので、❹のelseブロックが実行されます。ここで注意するのは、9は3の倍数ですが、そもそも2の倍

数でないため、❸の条件判定に到達できない、ということです。

　条件分岐構文の入れ子コードとなる場合、なにはともあれ、外側の条件に対してtrueでない限り、内部の条件判定すら行われないことに注意しておいてください。

### 4-4-3
# 複数の比較演算を組み合わせてみよう

　ここで、新たなサンプルソースコードとして、リスト4-10を参考に変数numが6の場合のように、2の倍数であり、しかも3の倍数でもある場合のみ表示させるようなコードを考えてみます。これは、例えば、次のような条件分岐コードを記述すればできそうです。

```
if(num % 2 == 0) {
    if(num % 3  == 0) {
        console.log("2の倍数であり、しかも3の倍数");
    }
}
```

　一方、わざわざifを入れ子にする必要はなく、もっとシンプルに記述することが可能です。それが、リスト4-11のコードです。このconditionalOperator.tsを作成してください。

リスト 4-11　chap04/conditionalOperator.ts

```
001   export { }
002
003   const num = Math.round(Math.random() * 100);
004   console.log(`numの値: ${num}`);
005   if(num % 2 == 0 && num % 3 == 0) { ❶
006       console.log("2の倍数であり、しかも3の倍数");
007   } else {
008       console.log("それ以外");
009   }
010   console.log("処理終了");
```

　実行結果として、同じくnumの値が78の例を掲載します。

実行結果

```
> tsc conditionalOperator.ts
> node conditionalOperator.ts


numの値: 78
2の倍数であり、しかも3の倍数
処理終了
```

　リスト4-11の❶で新たな演算子として&&が登場しています。この演算子は、「かつ」（AND）を表します。このことから、リスト4-11の❶では、

```
num % 2 == 0
```

という比較演算結果がtrueであり、かつ、

```
num % 3 == 0
```

という比較演算結果がtrueである場合、

という意味になります。両方の条件がtrueの場合のみ、全体の条件がtrueとなることを表すコードです。

これを、日本語に翻訳すると、

変数numを2で割った余りが0という条件がtrueであり

かつ

変数numを3で割った余りが0という条件がtrueである

となります。

このように、複数のtrue/falseの演算結果を、さらに演算する演算子を**論理演算子**といい、表4-2の3個が存在します。

| 演算子 | 内容 |
|--------|------|
| ! | NOT |
| && | AND |
| \|\| | OR |

**表4-2** 主な TypeScript の論理演算子

もし、リスト4-11の❶の条件判定コードを、次のように、&&の代わりに||とすると、それは、「または」(OR) を表すことになります。

```
num % 2 == 0 || num % 3 == 0
```

この場合は、

```
num % 2 == 0
```

という比較演算結果がtrueであるか、または、

```
num % 3 == 0
```

という比較演算結果がtrueである場合、
つまり、どちらかの条件がtrueの場合、全体の条件がtrueとなることを表すコードです。
これを、日本語に翻訳すると、

変数numを2で割った余りが0という条件がtrueであるか

または、

変数numを3で割った余りが0という条件がtrueである

となります。

---

**コマンドパレットでのファイル表示**

4-2節末のコラムで紹介したコマンドパレットには、別の使い方があります。コマンドパレットが表示された状態で、「>」を削除します。すると、図4-C3のように変化し、最近開いたファイルリストが表示されます。

**図 4-C3** コマンドパレットで>を削除

その状態では、ファイル名を入力することで、そのファイルをエディタ領域に表示させることができます。こちらも、候補が表示されるので、便利です（図4-C4）。

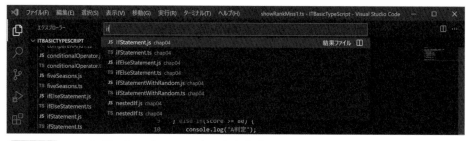

**図 4-C4** コマンドパレットでファイル名を入力

---

• まとめ •

- ● ifとelse ifとelseの条件分岐構文は、それぞれ入れ子にすることができる。
- ● 条件分岐構文が入れ子になった場合、外側の条件がfalseの場合は、中の条件判定すら行われない。
- ● 複数の比較演算結果をさらに演算する演算子が、論理演算子。
- ● 論理演算子は、AND、OR、NOTの3個ある。

# 4-5

# switch を知る

ここまで、条件分岐構文としてifを使ってきました。このChapterの最後に、もうひとつの条件分岐構文を紹介します。

 4-5-1
## 場合分けに最適なswitch構文を学ぼう

例えば、おみくじのようなプログラムを考えてみます。0～5の乱数numを発生させ、1なら大吉、2なら中吉、3なら小吉、4なら凶、5なら大凶と表示させるとします。これまで学んだif構文を使うと、次のようなコードになるでしょう。

```
if(num == 1) {
    console.log("大吉");
} else if(num == 2) {
    console.log("中吉");
} else if(num == 3) {
    :
```

もちろん、このコードでも全く問題なく動作します。

一方で、今回のプログラムは、すべて条件が==での判定です。このような場合に便利な構文として、**switch**構文があります。今回は、そのswitch構文で記述してみましょう。リスト4-12のswitchStatement.tsを作成してください。

**リスト4-12** chap04/switchStatement.ts

```
001  export{}
002
003  const num = Math.round(Math.random() * 5);  ❶
004  switch(num) {  ❷
005      case 1:  ❸
006          console.log("大吉!");
007          break;  ❹
008      case 2:
009          console.log("中吉!");
```

```
010        break;
011      case 3:   ❺
012          console.log("吉!");
013          break;
014      case 4:
015          console.log("凶!");
016          break;
017      case 5:
018          console.log("大凶!");
019          break;
020      default:   ❻
021          console.log("これが出たら破滅です!!");
022          break;
023    }
024    console.log("おみくじ終わり");
```

　実行結果として、大吉の例を掲載します。

実行結果

```
> tsc switchStatement.ts
> node switchStatement.js


大吉!
おみくじ終わり
```

　リスト4-12では、❷や❸、❺、および、❻がswitchの構文です。

　❶で事前に0〜5の乱数を発生させています。このプログラムでは、その乱数numを比較対象として、値1、2、3、4、5かどうかを調べます。その比較対象をswitchに続く（　）に記述します（リスト4-12の❷）。続く、{　}ブロックに場合分けを記述していきます。場合分けの基準となる値を、❸のように、caseに続けて記述し、コロン（:）で区切りを入れて、その値の場合の処理を記述します。以降、このcase句を積み重ねることで、場合分けの処理が成立します（❹のbreakについては後述します）。

　もし「それ以外」を表す処理、if構文でのelseの当たる処理を記述したい場合は、❻のようにdefault: と記述します。このdefault句はなくてもかまいません。

　ここまでの内容を構文としてまとめておきます。

● switch 構文

```
switch(比較対象){
    case 値1:
        比較対象が値1の場合に行う処理
        break;
    case 値2:
        比較対象が値2の場合に行う処理
        break;
    :
    default:
        それ以外の場合に行う処理
        break;
}
```

> note
>
> これまでの乱数は、0～100でしたので、
>
> ```
> Math.random() * 100
> ```
>
> のようにMath.random()に掛け合わせる値が100でした。
> リスト4-12の場合は、発生させる乱数は0～5ですので、4-1-5項の構文にあるように、
> この掛け合わせる値を5にします。

4-5-2
## break の重要性を理解しよう

　リスト4-12の各case句の末尾には、それぞれ**break**が記述されています。このbreakは非常に重要な働きをします。breakの処理自体は、{　}ブロック内のそれ以降の処理を行わずに{　}を抜ける、というものです。

　では、リスト4-12でこのbreakがないと、どのような処理になるかを確認してみましょう。3-2-8項で紹介したコメントアウトを利用して、リスト4-12のbreakの行を全てコメントアウトした状態で再度コンパイル、実行してみてください（図4-15）。

```
chap04 > TS switchStatement.ts > ...
  1    export{}
  2
  3    const num = Math.round(Math.random() * 5);
  4    switch(num) {
  5        case 1:
  6            console.log("大吉!");
  7            // break;
  8        case 2:
  9            console.log("中吉!");
 10            // break;
 11        case 3:
 12            console.log("吉!");
 13            // break;
 14        case 4:
 15            console.log("凶!");
 16            // break;
 17        case 5:
 18            console.log("大凶!");
 19            // break;
 20        default:
 21            console.log("これが出たら破滅です!!");
 22            // break;
 23    }
 24    console.log("おみくじ終わり");
 25
```

**図4-15** breakの行が全てコメントアウトされたリスト4-12の画面

以下に乱数の値が3の場合の実行例を記載します。

実行結果

```
> tsc switchStatement.ts
> node switchStatement.js


吉!
凶!
大凶!
これが出たら破滅です!!
おみくじ終わり
```

本来実行されてはダメなコードも実行されています。

switch構文というのは、caseで場合分けを記述します。しかし、このcaseの続きのコードが{ }に囲まれているわけではありません。あくまで、{ }で囲まれた処理ブロックは、switch全体です。ということは、caseは、処理ブロックではなく、ブロックの一部を表すcase句であり、処理をジャンプする目印に過ぎません。例えば、先の実行結果の場合、発生した乱数が3ですので、リスト4-12の❺の位置まで処理をジャンプし、❺から実行します。

そこで、もしbreakがなかったとしたら、それ以降のコードを全て実行することになります。この処理の流れを図にしたのが図4-16です。

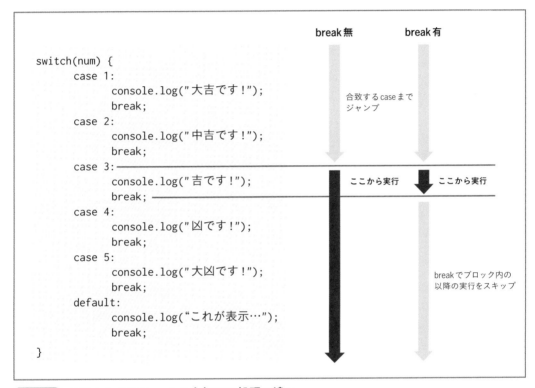

**図4-16** リスト4-12でbreakの有無での処理の違い

もちろん、この状態はよくありません。そこで、case句の末尾にbreakを記述することで、以降のコードの実行をスキップすることができ、結果的にcase句内の処理だけが行われる仕組みとなっています。

### 4-5-3
## caseが積み重ねできることを理解しよう ・・・・・・・・・・・・・・・・・・・・・・・・

switch構文でのcaseが、処理をジャンプする目印だということが理解できると、リスト4-13のようなコードも記述できることが理解できるでしょう。fiveSeasons.tsを作成してください。

**リスト4-13** chap04/fiveSeasons.ts

```
001  export{}
002
003  const month = Math.round(Math.random() * 11) + 1;
004  switch(month) {
005      case 3: ┐
006      case 4: ├─❶
007      case 5: ┘
008          console.log(`${month}月は春!`);  ❷
009          break;
010      case 6:
011          console.log(`${month}月は梅雨!`);
012          break;
013      case 7:
014      case 8:
015      case 9:
016          console.log(`${month}月は夏!`);
017          break;
018      case 10:
019      case 11:
020          console.log(`${month}月は秋!`);
021          break;
022      case 12: ┐
023      case 1:  ├─❸
024      case 2:  ┘
025          console.log(`${month}月は冬!`);
026          break;
027  }
```

実行結果例として、乱数の値が6のものを掲載します。

実行結果

```
> tsc fiveSeasons.ts
> node fiveSeasons.js


6月は梅雨!
```

　リスト4-13では、1〜12の乱数を発生させ、発生した値を月として、それぞれの季節を表示さえるコードとなっています。

　そのリスト4-13の特徴は、❶のように複数のcase記述が積み重なっているところです。前項で説明したように、caseはジャンプの目印ですので、このように積み重ねて記述しても問題なく動作します。例えば、発生した乱数が3、4、5のいずれの場合でも、❷のコードが実行され

ます。

この方法は、場合分けにおいて複数の場合をまとめたい時に便利です。

なお、❸は、

```
case 12:
case 1:
case 2:
```

の順番で記述していますが、もちろん、

```
case 1:
case 2:
case 12:
```

のように記述しても問題なく動作します。これも、caseをジャンプの目印だと理解していれば容易に理解できるでしょう。

> **note**
>
> リスト4-13の乱数は、1～12となっています。これまでの乱数は0始まりでしたが、これを1始まりにしたい場合は、リスト4-13の方式を採用します。
>
> まず、乱数自体を次のコードのように記述します。
>
> ```
> Math.round(Math.random() * 11)
> ```
>
> 注意点は終端をひとつ少なくし、0～11とするところです。この実行結果に+1することで、結果的に1～12となります。

• まとめ •

- 場合分けにはswitch構文が便利。
- switch内のcaseは処理のジャンプ先の目印に過ぎない。
- breakは、{ }ブロック内の以降のコード実行をスキップする働きがある。
- case句末にbreakを記述しないと、それ以降のコードが実行されてしまう。
- caseはジャンプ先の目印なので、複数を積み重ねて記述することもできる。

# 練習問題

## 4-1

**問1** 0〜10の乱数を発生させ、その値をあらかじめ表示させます。その後、4以下の場合は「四捨五入すると0」と、それ以外の場合は「四捨五入すると10」と表示させるshowRoundResult.tsをchap04フォルダに作成しましょう。

**問2** 1950〜2020の数値を乱数で発生させ、その値を年とし、閏年かそうでないかを表示させるshowLeapYear.tsをchap04フォルダに作成しましょう。なお、1950〜2020の乱数発生は、0〜70の乱数を発生させ、それに+1950すれば可能です。また、閏年かどうかは、その年が4で割り切れるかどうかで判断するだけでよく、厳密な定義は不要です。

**問3** 0〜10の乱数を2個発生させ、それぞれ変数x、変数yとします。xとyの値をそれぞれ表示させた上で、xとyの値が同じ場合は「同じ!」、違う場合は「違う!」と表示させるcompareXAndY.tsをchap04フォルダに作成しましょう。

## 4-2

**問4** 1901〜2021の数値を乱数で発生させ、その値を年とし、年号として、明治、大正、昭和、平成、令和のどれに当たるかを表示させるshowEra.tsをchap04フォルダに作成しましょう。なお、大正は1912年〜、昭和は1926年〜、平成は1989年〜、令和は2019年〜とします。

**問5** 問4のshowEra.tsをchap04フォルダ内に丸々コピーし、showEraKai.tsとします。その上で、年号だけでなく、和暦での年を表示させます。例えば、乱数が2020の場合は、「2020年は令和2年です。」と表示させます。ただし、1年の場合は、「元年」ではなく、そのまま「1年」と表示させてかまいません。

## 4-3

**問6** 1950〜2018までの乱数を2個発生させ、それぞれAさんとBさんの生まれた年とします。それぞれの生まれ年を表示し、その後、両方ともが平成生まれならば「AさんもBさんも平成生まれ」、片方が平成生まれならば「どちらかが平成生まれ」、そうでなければ「両方とも昭和生まれ」と表示させるtwoBirthday.tsをchap04フォルダに作成しましょう。

## 4-4

**問7** 1〜10の乱数を発生させ、それを表示します。その上で、1ならば「金賞!」、2ならば「銀賞!」、3ならば「銅賞!」、9ならば「ブービー賞!」、それ以外は「ティッシュ賞!」と表示させるlottery.tsをchap04フォルダに作成しましょう。

# Chapter 5

# ループを理解する

Chapter 4では、制御構文のひとつである条件分岐構文を学びました。コードの実行順序を制御する構文はもうひとつあり、それがループ構文です。ループ構文は、簡単にいえば処理を何度も繰り返し実行するための構文です。このChapterでは、この繰り返し処理を記述する方法を紹介します。

# 5-1 ループの考え方の基礎を知る

処理を繰り返し実行させたい状況というのは、プログラミングではよくあることです。ループ処理と呼ばれるものです。そのループ処理の考え方の基礎を紹介しつつ、ループ処理の記述方法を紹介していきましょう。

## 5-1-1 ループ処理で意識する点を理解しよう

図5-1を見てください。この図は、繰り返しが含まれる処理の流れを図にしたものです。

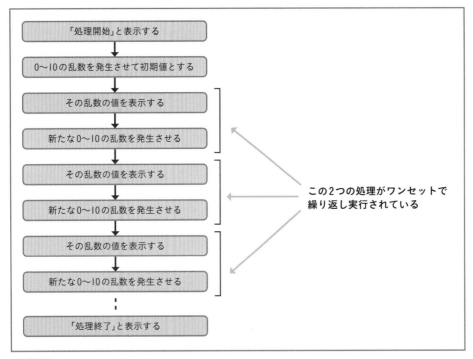

**図5-1** 繰り返しが含まれる処理

最初に「処理開始」と表示した後は、乱数の発生とその値の表示を次々実行していき、最後には、「処理終了」と表示させます。これまでの知識で、この処理を記述しようとすると、次のようなコードになります。

```
console.log("処理開始");
let num = Math.round(Math.random() * 10);
console.log(`乱数の値: ${num}`);
num = Math.round(Math.random() * 10);
console.log(`乱数の値: ${num}`);
num = Math.round(Math.random() * 10);
console.log(`乱数の値: ${num}`);
num = Math.round(Math.random() * 10);
    :
console.log("処理終了");
```

もちろん、このような記述方法は非効率であり、通常は行いません。その代わりに登場するのが、ループ構文です。そのループ構文を具体的に記述するにあたり、常に次の2点を意識しておかなければなりません。

1. **繰り返す処理は何か**
2. **繰り返しを続ける条件は何か**

**1.**の繰り返す処理は、図5-1では次の2文です。

その乱数を表示する
新たな0～10の乱数を発生させる

ソースコードでは、次の内容になるでしょう。

```
console.log(`乱数の値: ${num}`);
num = Math.round(Math.random() * 10);
```

一方、**2.**の繰り返しを続ける条件は、図5-1中では「:」でごまかしてあり、明示されていません。ここでは、仮に次のようにしておきましょう。

発生した乱数が9ではない場合

### 5-1-2
# ループ構文の基本となるwhileを知ろう ・・・・・・・・・・・・

以上の2点を踏まえて、実際にループ構文を使ったコードを記述しましょう。

Chapterが変わったので、このChapter用のフォルダとして、ITBasicTypeScriptフォルダ内にchap05フォルダを作成し、その中にwhileStatement.tsファイルを作成してください。

**リスト5-1** chap05/whileStatement.ts

```
001   export{}
002
003   console.log("処理開始");   ❶
004   let num = Math.round(Math.random() * 10);   ❷
005   while(num != 9) {   ❸
006       console.log(`乱数の値: ${num}`);   ❹
007       num = Math.round(Math.random() * 10);   ❺
008   }
009   console.log("処理終了");   ❻
```

　乱数を利用したプログラムですので、実行結果は、一例を掲載します。

実行結果

```
> tsc whileStatement.ts
> node whileStatement.js


処理開始
乱数の値: 7
乱数の値: 5
乱数の値: 4
乱数の値: 4
処理終了
```

　リスト5-1の処理の流れを図にすると、図5-2の通りです。図中の番号は、ソースコードの番号に対応しています。

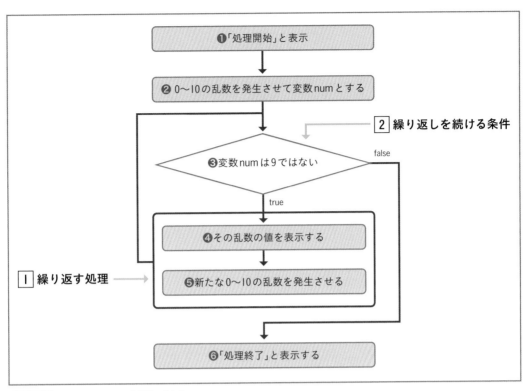

**図 5-2** リスト 5-1 の処理の流れ

このうち、ループ構文が❸のwhileであり、次の書式となっています。

● while

```
while(繰り返しを続ける条件){
    繰り返す処理
}
```

whileの次の（ ）内に繰り返しを続ける条件を記述します。その条件に合致する場合に、続く{ }ブロック内の処理がもう一度繰り返し実行されます。

リスト5-1では、繰り返しを続ける条件として、「発生した乱数が9ではない場合」としたので、これを表す次のコードが（ ）内に記述されています。

```
num != 9
```

続く{ }に、繰り返す処理を記述します。これは、リスト5-1では❹と❺が該当します（図5-3）。

5

ループを理解する

```
while(num != 9) {
    console.log(`乱数の値： ${num}`);
    num = Math.round(Math.random() * 10);
}
```

2 繰り返しを続ける条件
1 繰り返す処理

**図 5-3** リスト 5-1 中のループ構文

先の条件が true である限り、この { } ブロック内の処理が繰り返し実行されます。ここでも、条件分岐と同様に、{ } ブロックが処理の範囲を表す役割をしています。

### 5-1-3
## 無限ループには注意しよう

ここで、リスト 5-1 の ❺ の役割に注目してみます。これは、図 5-2 からも明らかで、新たな乱数を発生させて、それを num に代入しています。もし、この行を記述し忘れたとしたら、どうなるかを考えてみます。すると、num は ❷ で発生した乱数の値のまま、変更がありません。

もし ❷ で乱数として 9 が発生した場合、❸ の（ ）内の条件は false となり、続く { } ブロック内の処理は全く実行されません。これは、❺ の有無にかかわらず、そのようになります（図5-4）。

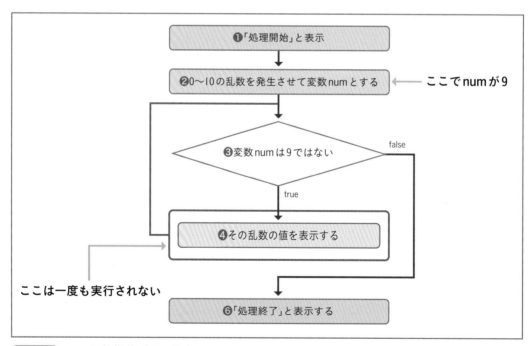

**図 5-4** num の初期値が 9 の場合

一方、9 以外の値が発生した場合、❸ の（ ）内の条件は true です。続く { } ブロック内の処理は実行されますが、もう一度 ❸ に処理が戻ってきたときに、num は依然 9 以外のままです（図5-5）。

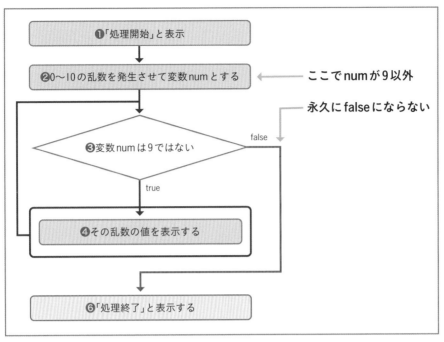

**図5-5** numの初期値が9以外の場合

この場合、ループを続ける条件がfalseになることがありません。つまり、永久にループ処理を続けることになります。このような状態を、**無限ループ**といいます。図5-6は実際に無限ループになった実行画面です。

**図5-6** 無限ループになってしまった実行画面

このような場合、[ctrl]+[C]を入力して、強制終了させてください。

このように、無限ループは危険な処理ですので、ループ構文を利用する場合は、無限ループにならないように注意してください。

> note
>
> プログラミングのテクニックとして、あえて無限ループを利用する場合というのもあります。その場合は、例えば、次のようなコードを記述します。
>
> ```
> while(true) {
>     :
> }
> ```
>
> この場合は、この無限ループを抜けるようなコードをループブロック（whileに続く{ }ブロック）内に記述する必要があります。こちらは、5-3-3項で紹介します。

### 5-1-4
## ループ構文でよく使われるカウンタ変数を知ろう

リスト5-1では、繰り返しを続ける条件として「発生した乱数が9ではない場合」としました。この条件を変更して、「100回繰り返したら繰り返しを終了する」とした場合を考えてみます。このように、繰り返し回数を制御するループ処理というのは、プログラミングではよくあり、その手法を利用して、1〜100までの整数の足し算処理を行うコードを作成してみましょう。これは、リスト5-2のsigma100.tsとなります。

**リスト5-2** chap05/sigma100.ts

```
001  export{}
002
003  let ans = 0;  ❶
004  let i = 1;  ❷
005  while(i <= 100) {  ❸
006      ans += i;  ❹
007      i++;  ❺
008  }
009  console.log(`結果: ${ans}`);
010  console.log(`ループ終了後のi: ${i}`);
```

実行結果

```
> tsc sigma100.ts
> node sigma100.js


結果: 5050
ループ終了後のi: 101
```

リスト5-2では、❶で足し算結果を格納する変数ansを初期値1で用意しています。また、そ

れとは別に、❷で変数 i を初期値1で用意しています。ループの条件は、その i が100以下の場合、となっています。

ループの{ }ブロック内では、❹でansに+=を使ってiを足し込んでいます。+=は、3-4-2項で紹介した複合代入演算子で、次のコードと同じ処理となります。

```
ans = ans + i;
```

さらに、❺で i をインクリメントしています。

では、このループブロック内の2文の処理で、なぜ100回の繰り返し処理になるのか、なぜ1〜100までの足し算になるのか、その種明かしをするために、繰り返し回数と❸の段階での i の値、ans の値の変化を、具体的に表5-1にまとめてみました。

| 繰り返し回数 | ❸でのi | ❸でのans | ans+iの式 | ans+iの結果 | ans+iの展開 |
|---|---|---|---|---|---|
| 1回目 | 1 | 0 | 0+1 | 1 | (0)+1 |
| 2回目 | 2 | 1 | 1+2 | 3 | (0+1)+2 |
| 3回目 | 3 | 3 | 3+3 | 6 | (0+1+2)+3 |
| 4回目 | 4 | 6 | 6+4 | 10 | (0+1+2+3)+4 |
| 5回目 | 5 | 10 | 10+5 | 15 | (0+1+2+3+4)+5 |
| 100回目 | 100 | 4950 | 4950+100 | 5050 | (0+1+2+…+99)+100 |
| 101回目 | 101 | 5050 | 実行しない | | |

表5-1　リスト5-2での値の変化

表5-1を使って、まず繰り返し回数を制御できる仕組みを解説します。ポイントは最後の行です。100回目の繰り返しの際、❺のコードによって i は101となり、101回目の繰り返し処理を行おうとした際に、繰り返しを続ける条件に反することになります。そこでループ処理が終了します。結果、繰り返しの回数としては100回のループとなる一方で、ループ処理終了後の i の値は101とひとつ多い結果となっています。リスト5-2ではループ処理終了後の i の値を表示させており、実行結果でその i が101になっていることが確認できます。

このように、ある整数変数を用意しておき、その変数をループブロックの末でインクリメントすることで、繰り返し回数を制御できるようになります。この変数のことを、**カウンタ変数**といい、変数名は、多くの場合、慣例的に i を使います。もちろん他の変数名でもかまいません。この記述パターンを構文としてまとめると次のようになります。

● カウンタ変数を利用した while ループ

```
let i = 1;
while(i <= ループ回数) {
    :
    i++;
}
```

　次に、なぜ1〜100までの足し算になるのかを解説します。各繰り返しにおいて、前回の繰り返し処理の結果であるansの値にカウンタ変数iの値を足し合わせています。例えば、5回目の繰り返しでは、4回目の結果としてansの値は10となっており、これに繰り返し回数を表すカウンタ変数の値5を足し合わせて15とします。それが、❹の

```
ans += i;
```

の処理です。ここで注目したいのは、4回目の結果のansの値10というのは、3回目の結果6に4回目でのカウンタ変数の値4を足した値だということです。式にすると、5回目の繰り返しで実行される

```
10+5
```

の10の部分は、その実、

```
(6+4)+5
```

と展開できます。この展開の様子を繰り返しごとに記述したのが、表5-1の「ans+iの展開」の列です。そして、その列を見ると、100回目の繰り返し処理が終了した段階で、0〜100の足し算処理が行われたことが理解できるでしょう。

　この方式をとると、リスト5-2の❸の条件式のループ回数を変更するだけで、任意の数までの足し算の結果を簡単に求めることができます。

- - - ま と め - - -

- ● ループ処理では、繰り返す処理ブロックと繰り返しを続ける条件を意識する。
- ● ループ処理の基本構文であるwhile構文では、（　）に条件を、｛　｝に繰り返す処理を記述する。
- ● ループ処理では、無限ループにならないようにコードを記述する。
- ● ループ処理で、繰り返しの回数を制御するにはカウンタ変数を利用する。
- ● ループ構文とカウンタ変数を利用すると、任意の数までの足し算処理が簡単に記述できる。

## 5-2

# forループ構文を知る

前節でwhileを題材にループ処理の基礎を学びました。このループ処理は、while以外にも、for構文があります。次に、そのfor構文の使い方を見ていきますが、その前に、ループ処理でよく登場する3点セットなるものを紹介します。

### 5-2-1
## ループ処理3点セットを理解しよう

ループ処理では、次の3個の処理が定型のように登場することが多々あります。

1. **ループ開始前の準備処理**
2. **繰り返しを続ける条件**
3. **1回の繰り返しごとに末尾で行う処理**

リスト5-2を題材にそれぞれ確認すると、次のようになります。

#### 1. ループ開始前の準備処理
リスト5-2❷の次のコードが該当します。カウンタ変数を用意する処理です。

```
let i = 1;
```

#### 2. 繰り返しを続ける条件
繰り返しを続ける条件は、5-1-2項で既に説明済みです。リスト5-2では、❸の（ ）内の次のコードが該当します。

```
i <= 100
```

#### 3. 1回の繰り返しごとに末尾で行う処理
リスト5-2❺の次のコードが該当します。カウンタ変数をインクリメントする処理です。

```
i++;
```

**5-2-2**

## ループ処理3点セットをまとめて記述できるfor構文を使ってみよう

リスト5-2を見てもわかるように、while構文では、この3点セットが散在したコードとなってしまいます。それをまとめて1ヶ所に記述できるのが、for構文です。実際にコードで確認してみましょう。リスト5-3のforStatement.tsを作成してください。なお、❷の行はコメントアウトしています。これは、次項で解説しますので、コメントアウトのままにしておいてください。

**リスト5-3** chap05/forStatement.ts

```
001   export{}
002
003   let ans = 0;
004   for(let i = 1; i <= 100; i++) {   ❶
005       ans += i;
006   }
007   console.log(`結果: ${ans}`);
008   // console.log(`ループ終了後のi: ${i}`);   ❷
```

実行結果

```
> tsc forStatement.ts
> node forStatement.js


結果: 5050
```

リスト5-3の❶がfor構文です。書式としては次のようにまとめられます。

● for

```
for（準備処理；繰り返しを続ける条件；繰り返し末尾で行う処理）{
    繰り返す処理
}
```

この書式を見てもわかるように、先に紹介したループ処理3点セットが、そのままforに続く（　）内にセミコロン (;) 区切りで記述できるようになっています。実際、リスト5-3ではそのようになっています（図5-7）。

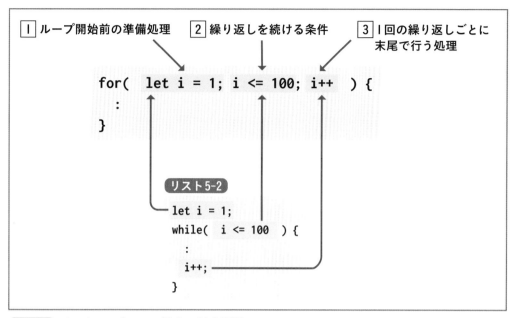

図5-7 リスト5-3中のfor構文の対応関係

note

for構文は、ループ処理3点セットをまとめて記述できる構文ですが、必ずしも3点セットが揃っていなくても利用できます。その場合でも、セミコロンは必要です。例えば、条件だけを記述したい場合は、次のようなコードになります。

```
for(; num !=9;)
```

さらに全てを省略して、次のようにも記述できます。

```
for(;;)
```

この場合は無限ループになります。もっとも、これは原理的に可能だというだけで、実際にこのような記述はしません。条件だけの場合や、無限ループでは、わざわざforを使わずにwhileで記述します。
forの利用は、3点セットの少なくとも2点が揃っている場合です。

## 5-2-3
## 変数のスコープを理解しよう

　ここで、リスト5-3の❷について説明しておきます。❷のコメントアウトを元に戻すと、図5-8のように変数iの部分がエラー表示となります。

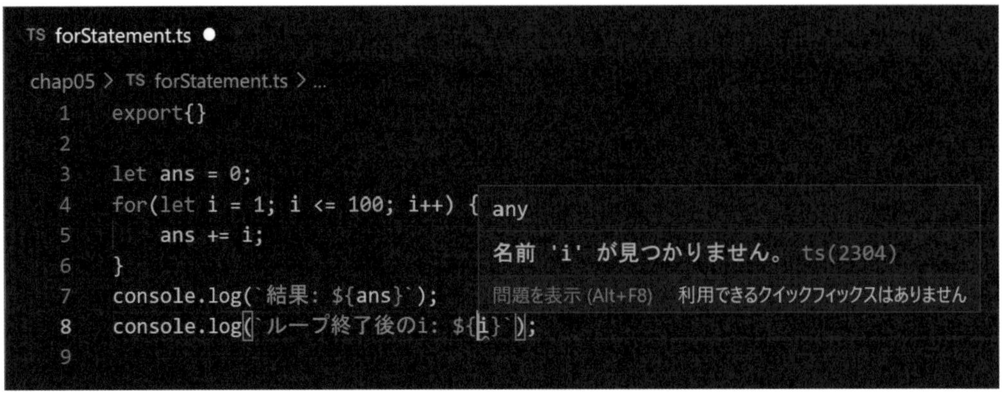

**図5-8**　変数iがエラーとなったリスト5-3の画面

　エラーメッセージは、「名前'i'が見つかりません」となっています。これは、つまり、変数iが
リスト5-3の❷の段階で存在しないことを意味しています。

　変数には、存在できる範囲があり、これを、変数の**スコープ**といいます。そして、変数のスコー
プは、その変数を宣言したところから{　}ブロック内の終わりまで、と決められています。こ
れを、**ブロックスコープ**といいます。このブロックスコープの一番外側は、ファイルそのもので
す。例えば、リスト5-3での変数ansとiのスコープを図にすると、図5-9のようになります。

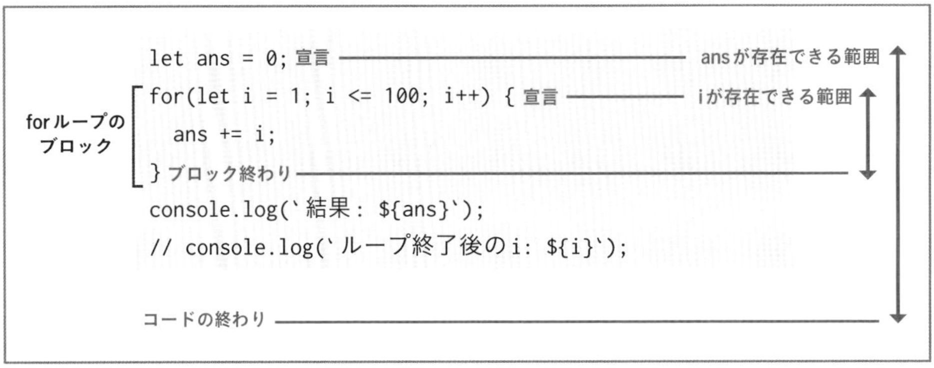

**図5-9**　リスト5-3のansとiのスコープ

　変数ansは、tsファイル直下で宣言されているので、その宣言位置から、そのファイル内のコー
ドの終わりまでがスコープです。一方、変数iはforループブロックの一部として宣言されてい
ます。となると、iのスコープは、forブロック{　}の終わりまでとなります。forの{　}ブロッ
クの外側では、iは存在しないことになっているのです。

　リスト5-3の❷のコメントアウトを元に戻して表示されたエラーは、このことを表していま
す。

　一方、同じような処理を行うリスト5-2での変数ansとiのスコープを図にすると、図5-10の
ようになります。

```
              let ans = 0; 宣言 ─────────────── ans が存在できる範囲  ↑
              let i = 1; 宣言 ──────────────── i が存在できる範囲  ↑
          ┌ while(i <= 100) {
whileループの│    ans += i;
ブロック    │    i++;
          └ }
              console.log(`結果: ${ans}`);
              console.log(`ループ終了後のi: ${i}`);

          コードの終わり ──────────────────            ↓  ↓
```

**図5-10** リスト5-2のansとiのスコープ

変数ansもiも、tsファイル直下で宣言されているので、その宣言位置から、そのファイル内のコードの終わりまでが存在できる範囲、つまり、スコープとなります。これが、リスト5-2では、ループ終了後でもiの値を表示できた理由です。

このように、変数のスコープは非常に重要な考え方であり、常に意識してコーディングしていく必要があります。

> **note**
>
> 3-2-7項のNoteで紹介したvar宣言の変数は、このブロックスコープが適用されず、しばしばバグの温床となってきた歴史があります。ブロックスコープは、一見不便なようで、バグを生みにくい安全なコーディングを支える仕組みでもあるのです。

・ まとめ ・

- ループ処理では、3点セットを伴うことが多々ある。
- 3点セットを1ヵ所に記述できるループ構文が、for構文。
- TypeScriptの変数はブロックスコープである。

# 5-3

## 制御構文の組み合わせを知る

前節でループ処理に関しては、一通り学んだことになり、Chapter 4の条件分岐と合わせて、制御構文が揃いました。制御構文のラストを飾る本節では、これら制御構文を組み合わせた処理を学びます。

### 5-3-1
## ループ構文を入れ子にしてみる

4-4-1項では、if構文の入れ子を学びました。実は、ループ構文も同様に入れ子にすることができます。ソースコードで見ていきましょう。リスト5-4のnestedLoop.tsを作成してください。

**リスト5-4** chap05/nestedLoop.ts

```
001  export{}
002
003  console.log("外のループ開始");  ❶
004  for(let i = 1; i <= 3; i++) {  ❷
005      console.log("内のループ開始");  ❸
006      for(let j = 1; j <= 3; j++) {  ❹
007          console.log(`i:j→${i}:${j}`);  ❺
008      }
009      console.log("内のループ終了");  ❻
010  }
011  console.log("外のループ終了");  ❼
```

実行結果

```
> tsc nestedLoop.ts
> node nestedLoop.js

外のループ開始
内のループ開始
i:j→1:1
i:j→1:2
i:j→1:3
内のループ終了
内のループ開始
```

```
i:j→2:1
i:j→2:2
i:j→2:3
内のループ終了
内のループ開始
i:j→3:1
i:j→3:2
i:j→3:3
内のループ終了
外のループ終了
```

　リスト5-4では、❷でforループが記述され、そのループブロックの中に❹にforループが記述され、ループ構文の入れ子となっています。ループ構文を入れ子にしたものを、**多重ループ**といい、リスト5-4のように、2個の入れ子の場合は、**二重ループ**といいます。

　このような多重ループでは、実行順序を意識しておく必要があり、リスト5-4は、その実行順序がわかりやすいようなサンプルとなっています。

　リスト5-4の❷の外側のforループでは、カウンタ変数iが1～3まで変化するようなコードになっています。つまり、3回繰り返し処理が行われます。そのループブロック内の処理、つまり各繰り返しで行われる処理にも❹のforループが含まれています。こちらの内側のループでは、カウンタ変数jが、i同様に1～3まで変化し、3回繰り返し処理が行われるようになっています。繰り返し処理の内容は、❺が該当し、その段階での、変数iとjの値を表示するというものです。

　また、それぞれのループ処理開始時と終了時にも、メッセージを表示させるようにしています。それが、外側のループでは❶と❼であり、内側のループでは❸と❻です。

　そのようなソースコードを実行した結果を分析してみると、図5-11のようになります。

```
外のループ開始                           ── iのループの1回目
内のループ開始
i:j→1:1  ┐
i:j→1:2  │ jのループ
i:j→1:3  ┘
内のループ終了
内のループ開始                           ── iのループの2回目
i:j→2:1  ┐
i:j→2:2  │ jのループ
i:j→2:3  ┘
内のループ終了
内のループ開始                           ── iのループの3回目
i:j→3:1  ┐
i:j→3:2  │ jのループ
i:j→3:3  ┘
内のループ終了
外のループ終了
```

**図5-11** リスト5-4の実行結果とループ処理の関係

　この分析からわかることは、内側のループ、つまりjのループ処理が全て（3回分）終了してから、外側のループ（iのループ）処理の次の繰り返しに移る、ということです。

　ソースコードでみると、外側ループ（iのループ）のブロックは、❸～❻です。ということは、この❸～❻がひとつのかたまりとして繰り返し処理されます。そのブロック内の実行順序は変更できません。そのブロック内にループ処理、つまり、❺を3回実行する処理が含まれているということは、

　　❸→❹→❺が3回→❻

という処理ブロックが、さらに3回繰り返されることになります（図5-12）。

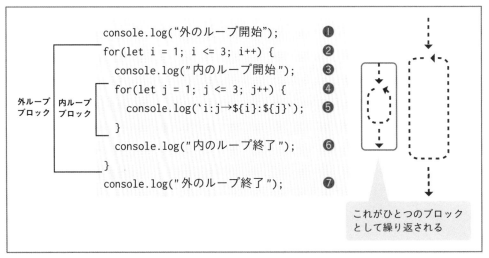

**図5-12** リスト5-4の実行順序

　このように、多重ループでは実行順序をイメージしながらコーディングする必要があります。

　なお、ここでは、ループ構文の入れ子の例として、forの中にforが含まれた二重ループを紹介しましたが、もちろん、この組み合わせ以外の多重ループも可能です。whileの中にforを入れてもかまいませんし、whileの中にwhileを入れてもかまいません。組み合わせは、自由自在です。

### 5-3-2
## ループと条件分岐を入れ子にしてみる

　組み合わせは自由自在といえば、ループどうしの入れ子だけではなく、ループと条件分岐の入れ子も、組み合わせは自由自在です。ここでは、例として、最大値を抽出するプログラムを紹介します。プログラムの内容としては、0～100の乱数を10回発生させ、その最大値を抽出する、というものです。念のために発生した10個の乱数は表示させておきます。これは、リスト5-5のようなコードになります。extractMax.tsを作成してください。

**リスト5-5** chap05/extractMax.ts

```
001    export{}
002
003    let max = 0;  ❶
004    for(let i = 1; i <= 10; i++) {  ❷
005        const num = Math.round(Math.random() * 100);  ❸
```

```
006     console.log(`${i}個目の乱数: ${num}`);
007     if(num > max) {   ❹
008         max = num;   ❺
009     }
010  }
011  console.log(`最大値: ${max}`);
```

今回は乱数を利用するので、実行結果は一例を掲載します。

実行結果

```
> tsc extractMax.ts
> node extractMax.js

1個目の乱数: 14
……中略……
10個目の乱数: 64
最大値: 87
```

リスト5-5の構造としては、for構文とif構文の入れ子となっています。

乱数を10回発生させるので、❷のように、カウンタ変数iとfor構文を利用しています。そのループブロックの最初に、❸のように0～100の乱数numを発生させています。

ポイントとなるのは、最大値の抽出です。これは、リスト5-5では、❶と❹と❺が関連します。❶で最大値を格納する変数としてmaxを初期値0で用意し、ループブロック内の❹で、発生した乱数numとmaxとを比較しています。numの方が大きければ、❺でmaxにnumの値を代入しています。

この方法でなぜ最大値の抽出になるのかは、具体例を考えればわかります。先の実行結果例を参考に、変数maxとnumの値、❹の条件判定の結果、❺の実行が行われたかどうかを表にしてみると、表5-2のようになります。

| 回数 (iの値) | maxの値 | numの値 | num > max | max = numの実行 |
|---|---|---|---|---|
| 1 | 0 | 14 | true | ○ |
| 2 | 14 | 7 | false | × |
| 3 | 14 | 44 | true | ○ |
| 4 | 44 | 41 | false | × |
| 5 | 44 | 57 | true | ○ |
| 6 | 57 | 64 | true | ○ |
| 7 | 64 | 87 | true | ○ |
| 8 | 87 | 29 | false | × |
| 9 | 87 | 48 | false | × |
| 10 | 87 | 64 | false | × |

ループ処理終了後、この値が
最大値となっている

表5-2 リスト5-5の各データの動き

　例えば、1回目の繰り返しでは、numは14であり、maxの値0と比べるとnumの方が大きいので、maxへのnumの値の代入が行われ、maxの値は14になります。2回目の繰り返しでは、代入は行われませんので、maxは14のままです。表5-5はそのことを物語っています。続けて、3回目のループでは、代入が行われ、maxは44になります。

　このように、発生した乱数の値が現在のmaxの値より少しでも大きければ、値を置き換える（代入する）ことで、ループ処理終了後、最大値が残る仕組みです。また、この仕組みを成り立たせるために、maxの初期値を一番小さい値、つまり、0としているのです。

　このように、ループ構文と条件分岐構文を組み合わせることで、さまざまな処理を行うことができるようになります。

note

> リスト5-5の❸の変数numの宣言がconstなのに注目してください。3-2-7項で説明したように、const宣言の変数は、再代入不可です。実行結果では、このnumは10回利用されているように思えます。しかも、その都度、値が違います。一見再代入しているように思え、const宣言が成り立っているのが不思議に思えます。
> そこで、思い出してください。TypeScriptの変数は、ブロックスコープです。そして、この変数numはforブロック内で宣言されているので、存在できる範囲は、ループブロックの終わりです。このループブロックというのは、繰り返し1回ごとに新たに発生するブロックなのです。つまり、変数numは、繰り返しごとに生成されては消えていく変数なのです。その視点で見ると、確かに、再代入は行われていません。
> 実は、この、ループブロック内の変数は、繰り返しごとに生成されては消えていく、という認識は非常に重要です。

### 5-3-3
## ループ処理での break を理解しよう ・・・・・・・・・・

　ループ処理に関するテーマを紹介するのも、いよいよ最後です。最後は、breakとcontinueという、2個のキーワードを紹介します。

　まずは、breakです。といっても、**break**は4-5-2項で既に解説済みであり、そこでは、「{　}ブロック内のそれ以降の処理を行わずに{　}を抜ける」と説明しています。これが、ループ処理と組み合わさるとどのような実行結果になるのか、実際にソースコードで確認していきましょう。リスト5-6のbreak.tsを作成してください。

**リスト5-6** chap05/break.ts

```
001  export{}
002
003  for(let i = 1; i <= 10; i++) {    ❶
004      const num = Math.round(Math.random() * 10);    ❷
005      console.log(`${i}個目の乱数: ${num}`);
006      if(num == 5) {    ❸
007          console.log("5が発生したのでbreak");
008          break;    ❹
009      }
```

```
010        console.log(`${i}回目の繰り返し処理が無事終了`);
011    }
012    console.log("全ての処理終了");
```

今回は乱数を利用するので、実行結果は一例を掲載します。なお、ソースコードの内容上、breakが全く実行されないこともあります。その場合は、何度か実行してください。

実行結果
```
> tsc break.ts
> node break.js

1個目の乱数: 9
1回目の繰り返し処理が無事終了
2個目の乱数: 8
2回目の繰り返し処理が無事終了
3個目の乱数: 6
3回目の繰り返し処理が無事終了
4個目の乱数: 5
5が発生したのでbreak
全ての処理終了
```

リスト5-6の処理内容というのは、0～10の乱数を10回発生させるループ処理です。❶と❷のコードがそれを表しています。ここでのポイントは、❸と❹です。発生した乱数が5の場合、breakを実行しています。

実行結果例では、4回目の繰り返し処理で5が発生し、breakが実行されています。すると、その後、「全ての処理終了」という表示からわかるように、forループ処理が完全に終了されていることがわかります。

forブロック末の処理である「4回目の繰り返し処理が無事終了」という表示はおろか、10回繰り返し行う処理のうちの残りの5回目以降も実行されていません（図5-13）。

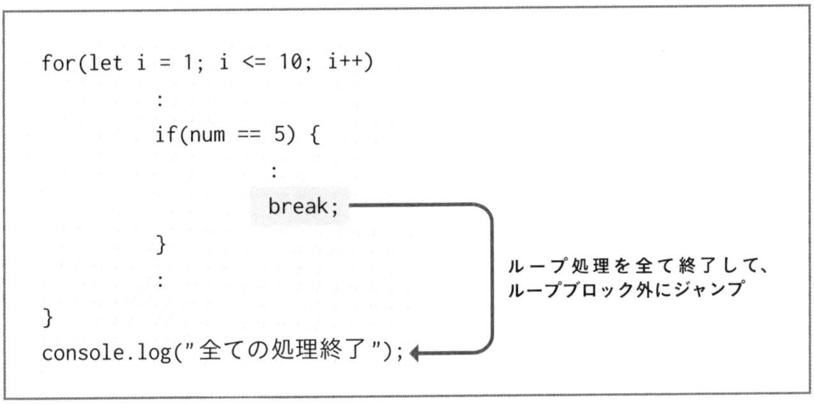

```
for(let i = 1; i <= 10; i++)
        :
        if(num == 5) {
                :
            break;
        }
        :
}
console.log("全ての処理終了");
```

ループ処理を全て終了して、
ループブロック外にジャンプ

図5-13 breakはループ処理そのものを終了させる

　先述のように、breakは、{ }ブロック内のそれ以降の処理を行わずに{ }を抜ける働きがありますが、これを、ループ処理内で実行した場合、ループブロック内の処理だけでなく、たとえ何回繰り返し処理が残っていても、それらすらも実行されなくなります。

> **note**
>
> 5-1-3項のNoteで、あえて無限ループを利用する方法では、無限ループを抜けるコードをループブロック内に記述する必要がある、と紹介しました。そこで登場するのが、このbreakです。その場合、例えば、次のようなコードになります。
>
> ```
> while(true) {
>     :
>     if(無限ループを終了する条件) {
>         break;
>     }
> }
> ```

### 5-3-4
## 次の繰り返しにスキップするcontinueを理解しよう・・・・・

　では、もうひとつのキーワードであるcontinueを紹介します。違いがはっきりするように、リスト5-6の❹をcontinueに変更したリスト5-7で解説します。continue.tsを作成してください。リスト5-6との違いは赤字の部分だけです。

**リスト5-7**　chap05/continue.ts

```
001  export{}
002
003  for(let i = 1; i <= 10; i++) {
004      const num = Math.round(Math.random() * 10);
005      console.log(`${i}個目の乱数: ${num}`);
006      if(num == 5) {
007          console.log("5が発生したのでcontinue");
008          continue;
009      }
010      console.log(`${i}回目の繰り返し処理が無事終了`);
011  }
012  console.log("全ての処理終了");
```

　今回も乱数を利用するので、実行結果は一例を掲載します。なお、ソースコードの内容上、continueが全く実行されないこともあります。その場合は、何度か実行してください。

実行結果

```
> tsc continue.ts
> node continue.ts
```

```
1個目の乱数: 0
1回目の繰り返し処理が無事終了
……中略……
7個目の乱数: 5
5が発生したのでcontinue
8個目の乱数: 0
8回目の繰り返し処理が無事終了
9個目の乱数: 5
5が発生したのでcontinue
10個目の乱数: 3
10回目の繰り返し処理が無事終了
全ての処理終了
```

continueの最大の特徴は、ループ処理が終了しない、ということです。実行結果例では、乱数として5が2回も発生していますが、繰り返し処理は当初の予定どおり10回実行されています。continueは、あくまでループブロック内の残りの処理をスキップして、次の繰り返しに移行する処理を表します（図5-14）。

```
for(let i = 1; i <= 10; i++)
        :
        if(num == 5) {                    ループブロック内の以降の処理をス
                :                         キップして次の繰り返しに移行
                continue;
        :
        }
        :
}
console.log("全ての処理終了");
```

図5-14　continue はループブロック内の残りの処理をスキップ

このように、break も continue も、繰り返し処理中で不要となった部分を実行せずに次の処理に移行する働きがありますが、どこまでをスキップするのかが違います。この違いを理解しておくようにしてください。

● まとめ ●

- ループ構文を入れ子にした処理を多重ループといい、2個の入れ子を二重ループという。

- 多重ループでは、ループの実行順序に注意する。

- ループ構文と条件分岐構文は入れ子にできる。

- ループ構文と条件分岐構文を組み合わせて、さまざまな処理が行える。

- breakは、ループ処理そのものを終了させる働きがある。

- continueは、ループグロック内の残りの処理をスキップして次の繰り返しに移行する働きがある。

## 練 習 問 題

### 5-1

**問1** 10回のループ処理をwhile、forのそれぞれの構文で記述しましょう。ループ処理中では、ループ回数を二乗した値を表示させます。ファイル名は、それぞれ、squareWhile.ts、squareFor.tsとし、chap05フォルダに作成しましょう。

**問2** 1〜10までの数それぞれの二乗の値の合計値を表示するsumSquare.tsをchap05フォルダに作成しましょう。

### 5-2

**問3** 0〜100の乱数を10回発生させ、それらを表示させます。その後、発生した乱数の最小値を表示するextractMin.tsをchap05フォルダに作成しましょう。

### 5-3

**問4** 0〜100の乱数num1を5回発生させます。その繰り返し1回ごとに、さらに0〜100の乱数num2をそれぞれ5回ずつ発生させます。num1とnum2の値を表示させながら、num2÷num1の結果を表示させます。ただし、num1が0の場合は全ての処理を中断することとします。そのような処理を記述したdivide2Nums1.tsをchap05フォルダに作成しましょう。

**問5** 問4を改造して、num1が0の場合は、次のnum1の値まで処理をスキップするような処理を記述したdivide2Nums2.tsをchap05フォルダに作成しましょう。

Chapter

# 6

# 複数のデータをまとめる
# 変数を理解する

Chapter 5では、ループ構文を学びました。Chapter 4の条件分岐構
文と合わせて、制御構文を一通り学んだことになります。この
Chapterでは、少し話を戻して、データそのもの話をします。これ
まで学んできた変数はひとつのデータのみを表していました。この
Chapterでは、複数のデータをまとめてひとつの変数とできる仕組
みを紹介します。

# 配列を知る

TypeScriptで、複数のデータをまとめてひとつの変数としたものの基本は、配列です。その配列の紹介の前に、そもそも、複数のデータをひとつの変数にまとめる、とはどのようなことかを解説します。

## 6-1-1
## 変数名を連番にしても値はまとめられない

　数値を5個用意し、それらを表示するプログラムを考えてみます。これは、Chapter 3までの知識でコーディングでき、リスト6-1のようになります。早速、コーディングしましょう。Chapterが変わったので、このChapter用のフォルダとして、ITBasicTypeScript フォルダ内に chap06 フォルダを作成し、その中に fiveVariables.ts ファイルを作成してください。

**リスト6-1** chap06/fiveVariables.ts

```
001   export{}
002
003   const num1 = 3;
004   const num2 = 7;
005   const num3 = 11;        ❶
006   const num4 = 16;
007   const num5 = 19;
008
009   console.log(`num1: ${num1}`);
010   console.log(`num2: ${num2}`);
011   console.log(`num3: ${num3}`);    ❷
012   console.log(`num4: ${num4}`);
013   console.log(`num5: ${num5}`);
```

実行結果

```
> tsc fiveVariables.ts
> node fiveVariables.js


num1: 3
num2: 7
```

| | |
|---|---|
| num3: 11 | |
| num4: 16 | |
| num5: 19 | |

Chapter 3までの知識では、リスト6-1のコードしか書けません。一方、Chapter 5でループ構文を学んだ現段階では、リスト6-1のコードは繰り返し処理そのものであり、ループ構文で書きたくなります。

しかし、リスト6-1のコードは、このままではループで記述できません。というのは、❶で用意した5個の変数の変数名、num1、num2、…、num5の連番部分は、カウンタ変数とは違い、あくまで人間の目にしか連番に見えないからです。コンピュータからすると、❶で用意した5個の変数は、それぞれバラバラの箱であり、たまたま名前がnum1、num2、…、num5となっているだけです。これは、hoge、bow、…、mueと、全く関連のない変数名の変数を5個用意したのと、変わらない状況なのです（図6-1）。

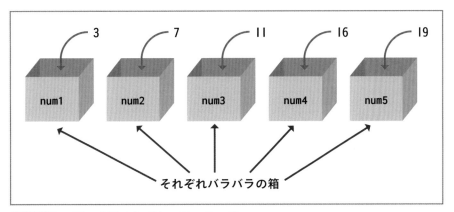

**図6-1** 5個の変数それぞれバラバラの箱

 **6-1-2**
## 配列は値の詰め合わせセットである

そこで登場するのが配列です。配列は、複数の値をまとめてひとつの変数とできる仕組みです。実際にコードで紹介します。リスト6-2のuseArray.tsを作成してください。

**リスト6-2** chap06/useArray.ts

```
001  export{}
002
003  const list: number[] = [3, 7, 11, 16, 19];   ❶
004
005  console.log(`1コ目: ${list[0]}`);
006  console.log(`2コ目: ${list[1]}`);
007  console.log(`3コ目: ${list[2]}`);   ❷
008  console.log(`4コ目: ${list[3]}`);
009  console.log(`5コ目: ${list[4]}`);
```

実行結果

```
> tsc useArray.ts
> node useArray.js

1コ目: 3
2コ目: 7
3コ目: 11
4コ目: 16
5コ目: 19
```

　リスト6-2の❶の記述が配列です。配列は、複数の値、例えば、リスト6-2ならば、3、7、11、16、19という5個の数値をまとめておくことができ、それをひとつの変数として扱えます。これは、図6-2のイメージであり、いわば、詰め合わせセットのようなものです。そして、この詰め合わせセットのひとつひとつの箱そのものを、配列の**要素**といいます。

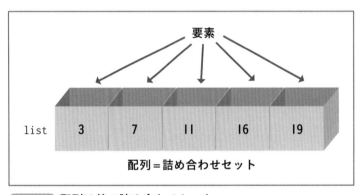

**図6-2**　配列は値の詰め合わせセット

　その配列を宣言する書式は、次の通りです。

●配列宣言

```
const/let 配列変数名: 各要素のデータ型[] = [値, 値, …];
```

　リスト6-2の❶では、配列変数名をlistとし、各要素のデータ型がnumber型なのでnumber[]と記述しています。このデータ型に[]を記述することで、配列を表します。

　これで、左辺の配列変数の宣言ができたので、右辺には、**配列リテラル**を記述し、この変数に代入します。配列リテラルは、値をカンマ区切りで列挙し、全体を[　]で囲みます（図6-3）。

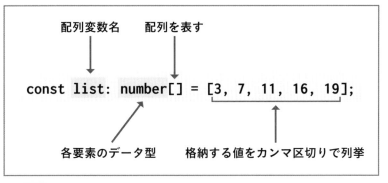

**図6-3** リスト6-2中の配列宣言構文

note

配列は、要素なしの状態（空の配列）として用意しておき、後から要素を追加することもできます。その場合、次のコードように、配列リテラル部分を[]と、空で記述します。

```
const list: number[] = [];
```

## 6-1-3
## 配列の要素の区別は0始まりのインデックスで行う

リスト6-2の❶で用意された配列の各要素を利用したい場合は、その要素を区別するための番号を使います。この番号のことを**インデックス**といい、注意しなければならないのは、0始まりだということです。例えば、リスト6-2の❶では、最初の要素に3という値が入っており、これを利用したい場合は、インデックスとして0を指定します。次の7はインデックス1です（図6-4）。

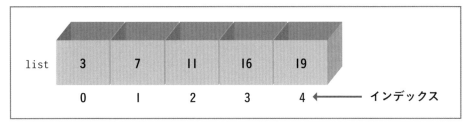

**図6-4** 配列の各値はインデックスを指定する

最初の要素は、「1番目」、あるいは、「1個目」と「1」を使うのが通常の感覚ですが、インデックスは0始まりのため、ひとつずつずれていきます。このズレをコーディング中に意識していないと、思わぬバグを招くので注意してください。

そのインデックスを指定して各要素を利用する書式は、次のとおりです。

●配列の各要素の利用

配列変数[インデックス]

リスト6-2では、❷のlist[0]やlist[1]などが該当します。この書式で配列のひとつひとつの要素、つまり、詰め合わせセット内のひとつひとつの箱を指しますので、その後は通常の変数と同じように、表示させたり他の値を代入したりできます。

なお、インデックスが0始まりで注意が必要なところは、この❷の「〇〇コ目」の〇〇の番号とインデックスがひとつずつずれているところからも、理解できるでしょう。

### 6-1-4
## 配列のループはカウンタ変数をインデックスとする ・・・・・・・

ここで当初の目的を思い出してください。それは、リスト6-1のような内容をループ処理させることでした。リスト6-2では、配列は導入しましたが、まだループで処理されていません。ここで、リスト6-2の❷をfor構文で記述することを考えてみます。❷は、5回、同じような処理が繰り返されており、違いは、list[]のインデックス部分が0〜4へと変化することと、「〇〇コ目」の〇〇の部分が1〜5へと変化することです。

そこで、このインデックスをカウンタ変数とすることで、配列の利用部分はlist[i]と記述できます。このカウンタ変数を、初期値0とし、4までインクリメントさせます（図6-5）。

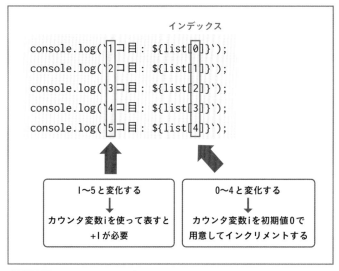

**図6-5** リスト6-2の❷とカウンタ変数の関係

ここまでの内容を踏まえて、実際にコーディングしてみましょう。リスト6-3のuseArrayAndFor.tsを作成してください。

**リスト6-3** chap06/useArrayAndFor.ts

```
001    export{}
002
003    const list: number[] = [3, 7, 11, 16, 19];  ❶
004
005    for(let i = 0; i <= 4; i++) {  ❷
006        console.log(`${i + 1}コ目: ${list[i]}`);  ❸
007    }
```

実行結果はリスト6-2と同じです。

当初のリスト6-2と比べて、非常にスッキリしたコードになりました。

カウンタ変数が0〜4でループする処理なので、for構文は❷のようになります。一方、「○○コ目」の○○の部分は、インデックスを表すカウンタ変数からひとつずれるため、❸のように、カウンタ変数に+1する必要があります。このように、配列として値をまとめておくことで、ループ処理と組み合わせることができ、コードを大幅に省略できます。

### 6-1-5
# 配列ループの回数は要素数で指定する

前項のリスト6-3で、配列とループ処理の組み合わせは完成したように思えますが、実は落とし穴があります。それは、❶の配列変数listの要素数が変化すると、❷のインデックスの終端を表す数値を変更しなければならないことです。そのような要素数の可変に柔軟に対応できるようにfor構文の記述を変更します。その際、活躍するのが、配列の要素数を取得する次の構文です。

● 配列の要素数の取得

```
配列変数.length
```

配列変数に.(ドット)を付与してlengthと記述することで、配列の要素数を取得できます。

実際に、リスト6-3を、この構文を利用したものに書き換えます。それが、リスト6-4のarrayLength.tsです。このファイルを作成してください。

**リスト6-4** chap06/arrayLength.ts
```
001   export{}
002
003   const list: number[] = [3, 7, 11, 16, 19];
004
005   for(let i = 0; i < list.length; i++) {   ❶
006       console.log(`${i + 1}コ目: ${list[i]}`);
007   }
```

実行結果はリスト6-3と同じです。

リスト6-3の❶のfor構文がlengthを使ったものに書き変わっています。ここで、少し注意が必要です。要素数とインデックスの終端では、1ずれます。このズレを考慮して条件部分を記述すると次のコードになります。

```
i <= 配列変数.length - 1
```

あるいは、iが整数ということを考慮すると、-1の演算と不等号のイコールを記述せずに、次のようにも記述できます。

```
i < 配列変数.length
```

複数のデータをまとめる変数を理解する

6

そして、通常は、❶のように、表記が簡単な後者の記述を採用します。

これで、一通り配列のループ構文は完成です。この構文をまとめておきます。

● 配列のループ

```
for(let i = 0; i < 配列変数.length; i++) {
    配列変数[i]を利用した処理
}
```

### 6-1-6
## 配列をループできるもっと簡単な構文を使ってみる ・・・・・・・

前項では、配列をループさせるためにオーソドックスなfor構文とカウンタ変数を利用しました。一方、単に配列をループさせるだけならば、別の構文もあります。それが、リスト6-5の forOf.ts です。このファイルを作成してください。

リスト6-5　chap06/forOf.ts

```
001  export{}
002
003  const list: number[] = [3, 7, 11, 16, 19];
004
005  for(const element of list) {   ❶
006      console.log(element);
007  }
```

実行結果

```
> tsc forOf.ts
> node forOf.js


3
7
11
16
19
```

リスト6-5の❶が新たなループ構文である **for-of** 構文です。forに続く( )内に **of** を挟んで右側に配列変数を記述します。一方、左側に各要素を格納するための変数宣言を記述します（図 6-6）。

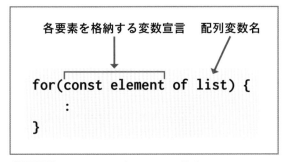

**図6-6** リスト6-5中のfor-of構文

　リスト6-5ではelementという変数を用意しています。こうすることで、カウンタ変数を利用したループでいえば、次のような処理が自動的に行われ、各要素を利用できるようになります（図6-7）。

```
const element = list[i];
```

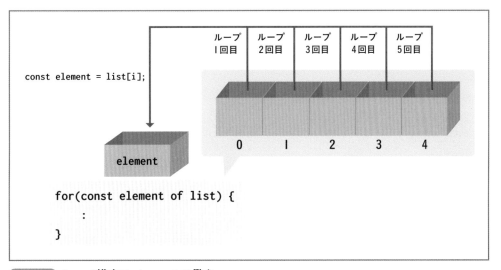

**図6-7** for-of構文のelementの働き

　ここまでの内容を踏まえて構文としてまとめると次のようになります。

● for-of構文

```
for（各要素を格納する変数宣言 of 配列変数）{
    :
}
```

　このfor-of構文を利用すると、カウンタ変数を利用した場合に比べて、一見楽に思えます。ただし、カウンタ変数がないために、実行結果からもわかるように、「○○コ目」のような表示が行えません。これが、この項の初めに「単にループさせるだけ」といった意図であり、逆に本当

に単にループさせるだけならば、for-ofを利用したほうが楽です。適材適所で使い分けるようにしましょう。

> note
>
> for-of構文と似た構文として、for-in構文というのがあります。こちらは、6-2-4項で紹介するオブジェクトをループさせるためのものですので、配列のループでは利用しないようにしてください。

## 6-1-7
## 配列のインデックスを知る ● ● ● ● ● ● ● ● ● ● ● ● ● ● ● ● ● ●

本節の最後に、配列のインデックス部分をもう少し掘り下げていきます。

リスト6-6のarrayIndex.tsを使って、インデックスの性質を紹介します。このファイルを作成してください。

**リスト6-6** chap06/arrayIndex.ts

```
001   export{}
002
003   const nameList: string[] = ["中田", "田村", "村井", "井上", "上田"]; ❶
004   console.log(nameList); ❷
005   nameList[4] = "上野"; ❸
006   nameList[5] = "野宮"; ❹
007   console.log(nameList); ❺
008   console.log(`インデックス${6}: ${nameList[6]}`); ❻
009   nameList[8] = "宮本"; ❼
010   console.log(nameList); ❽
```

実行結果

```
> tsc arrayIndex.ts
> node arrayIndex.js


[ '中田', '田村', '村井', '井上', '上田' ] ❷
[ '中田', '田村', '村井', '井上', '上野', '野宮' ] ❺
インデックス6: undefined ❻
[ '中田', '田村', '村井', '井上', '上野', '野宮', <2 empty items>, '宮本' ] ❽
```

リスト6-6では、何回か表示処理を行なっています。そのコードと実行結果の対応関係がわかるように、実行結果にも番号を記載しています。

具体的にコードを見ていきましょう。まず❶で、各要素が文字列で要素数5個の配列nameListを用意しています。その各要素を表示させているのが❷です。ここでは、配列変数をループさせずに、そのままconsole.log()で表示させています。単に配列内のデータを確認する場合は、このような方法も可能です。

次に、❸でインデックス4に値「上野」を代入しています。インデックス4には、既に「上田」

という値があります。このように、既に存在するインデックスに値を代入すると、値が上書きされます。もっとも、この仕組みは通常の変数と同様ですので、特に疑問点はないでしょう。

　問題は、その次の❹の処理です。❹では、存在しないインデックス5に値を代入しています。その場合、配列の末尾に、6個目の値を追加していることになります。このように、新たな要素への代入が行われた時点で、自動的に要素が追加される仕組みとなっているのです。結果、❺の表示内容からわかるように、問題なく追加されています（図6-8）。

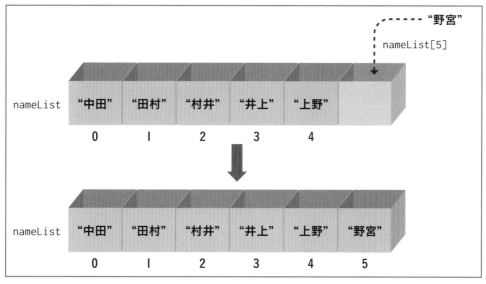

**図6-8** **存在しないインデックへの代入は要素の追加**

　では、存在しない要素に対して、代入される前、つまり、追加されていない状態で値の呼び出しを行うとどうなるかというのが、リスト6-6の❻です（図6-9）。

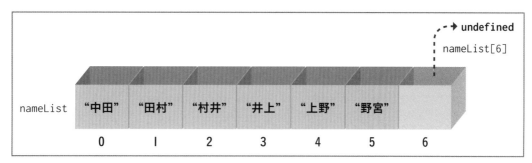

**図6-9** **値が存在しないインデックスの指定**

　これは、実行結果からわかるように、**undefined**となります。undefinedというのは、未定義を表す特殊な値です。

　最後に、リスト6-6は、❼でインデックス8への値の代入を行っています。一方、❻で確認したように、インデックス、6、7は値が格納されていません。つまり、インデックスが飛んでいるのです。この状態で、配列の内容を表示したのが❽です。実行結果では、「2 empty items」と記述されているように、インデックス6と7がempty、つまり未定義として扱われる一方で、

インデックス8にはちゃんと値が格納されていることがわかります。ただし、未定義とはいえ、要素数に含まれています（図6-10）。

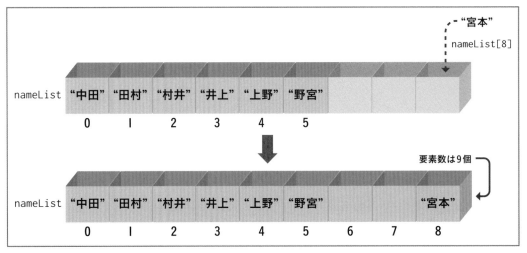

**図6-10**　**インデックスが飛んだ場合**

TypeScriptの配列のインデックスに関する、これらの性質は理解しておきましょう。

> **note**
>
> リスト6-6の❶の配列は、constで宣言しています。ということは、nameListは再代入不可の変数です。なのに、❹や❼で要素の追加を行っています。これまでのconst変数は、再代入を行った時点でエラーとなったため、❹や❼の処理でエラーとならないのが不思議に思った方もいるでしょう。これが、3-2-7項で軽く紹介したconstが変数の一種である理由です。
> 再代入というのは、次のように、全く新たな配列の代入コードを記述した場合です。
>
> ```
> nameList = ["齊藤", "新三];
> ```
>
> ❹や❼は、あくまで現存する配列の中身を変更しただけに過ぎず、再代入にはなりません。そのため、const宣言でもエラーとならないのです。

---

・ **まとめ** ・

- 複数の値をまとめてひとつの変数にできるのが配列。
- []が配列を表す。
- 配列とループ処理を組み合わせると、複数の値を次々処理できるようになる。
- 配列のループ処理は、インデックスをカウンタ変数とし、ループの終端を配列の要素数で指定する。
- 配列専用のループ構文として、for-of構文がある。
- 配列において、存在しないインデックスへの値の代入は、要素の追加となる。

# 6-2 連想配列を知る

前節で学んだ配列は、各要素を区別するためにインデックス（数値）を使います。このインデックスは、必ずしも使いやすいとは言い難いところがあります。そこで本節では、インデックスではなく、別の仕組みで要素を管理できる連想配列を紹介します。

### 6-2-1
## キーと値のペアでひとつの要素となる連想配列

例えば、表6-1のような各個人の身長をまとめてひとつのデータとすることを考えます。

| 名前 | 身長 |
| --- | --- |
| Tomoko | 155.4 |
| Yumi | 162.3 |
| Ayaka | 157.9 |
| Rina | 170.2 |
| Yoshie | 153.7 |

**表6-1** 各個人の身長リスト

これを、次のように配列とした場合、どの値が誰の身長か、簡単には区別できません。

```
const heightList: number[] = [155.4, 162.3, 157.9, 170.2, 153.7];
```

このような時に便利なのが、**連想配列**です。連想配列は、インデックスではなく、任意のデータで各要素内のデータを管理できるようになっています（図6-11）。

複数のデータをまとめる変数を理解する

6

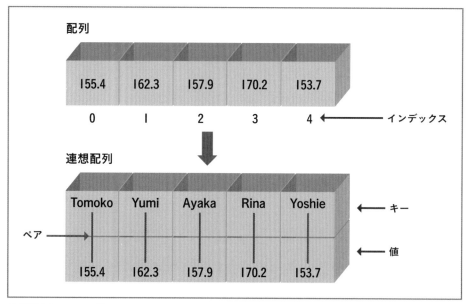

**図6-11**　キーと値のペアでデータを管理するのが連想配列

　連想配列では、この要素を管理するためのデータを**キー**、管理されるデータの方を**値**といい、このキーと値のペアでひとつの要素となる仕組みとなっています。

### 6-2-2
# 連想配列はキーと値両方のデータ型を指定する ・・・・・・・・・

　では、実際に連想配列を利用するコードを記述していきましょう。リスト6-7の useStringKey.ts を作成してください。

**リスト6-7**　chap06/useStringKey.ts

```
001  export{}
002
003  const heightList: {[key: string]: number;} =    ❶
004  {
005      "Tomoko": 155.4,
006      "Yumi": 162.3,
007      "Ayaka": 157.9,                              ❷
008      "Rina": 170.2,
009      "Yoshie": 153.7
010  };
011  for(const key in heightList) {
012      console.log(`${key}さんの身長: ${heightList[key]}`);    ❸
013  }
014  heightList["Yoshie"] = 154.6;    ❹
015  heightList["Emi"] = 160.3;    ❺
```

```
016    for(const key in heightList) {
017        console.log(`${key}さんの身長: ${heightList[key]}`);
018    }
019    console.log(heightList.Rina);  ❼
```

実行結果

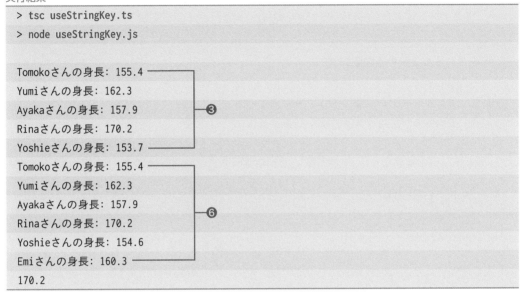

```
> tsc useStringKey.ts
> node useStringKey.js

Tomokoさんの身長: 155.4
Yumiさんの身長: 162.3
Ayakaさんの身長: 157.9
Rinaさんの身長: 170.2
Yoshieさんの身長: 153.7
Tomokoさんの身長: 155.4
Yumiさんの身長: 162.3
Ayakaさんの身長: 157.9
Rinaさんの身長: 170.2
Yoshieさんの身長: 154.6
Emiさんの身長: 160.3
170.2
```

　ループによる表示コードとその表示結果が対応するように、実行結果には番号を記載していま
す。
　連想配列を定義する書式は少し複雑で、リスト6-7の❶が該当します。構文としてまとめると、
次のようになります。

● 連想配列宣言

```
const/let 連想配列変数名: {[key: キーのデータ型]: 値のデータ型;} = {}
```

　リスト6-7の❶では、連想配列名をheightListとし、続くデータ型の定義部分で{ }を記述
しています。この{ }が連想配列を表し、その中に、キーのデータ型と値のデータ型を:(コロン)
区切りで並べ、最後にセミコロンを記述します（図6-12）。

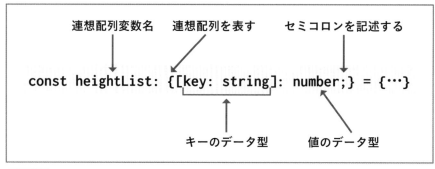

図6-12 リスト6-7中の連想配列構文

しかも、キーのデータ型に関しては、そのまま記述するのではなく、次のようになります。この記述を、**インデックスシグネチャ**といいます。

●インデックスシグネチャ

［キーワード：キーのデータ型］

このインデックスシグネチャに関して、注意点が2点あります。

まず、キーワードはアルファベットの文字列であればなんでもよいですが、キーのデータ型を表すということから、**key**と記述する事例が多々あります。それに倣って、上記構文では、keyとしています。

次に、キーのデータ型として、現在利用できるのは、stringかnumberです（図6-13）。

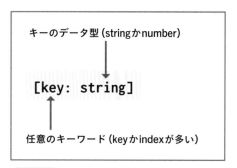

**図6-13** リスト6-7中のインデックスシグネチャ

note

> インデックスシグネチャ中のキーワードは、インデックスシグネチャという名称から、indexとしている例もあります。TypeScriptの公式ドキュメント内のサンプルでも、keyの例とindexの例が見られます。

一方、値のデータ型に関しては、様々なものが利用できます。リスト6-7では、数値なので、numberです。

連想配列のデータ型定義内のセミコロンに違和感を感じた人もいるかもしれません。実は、この連想配列のデータ型定義というのは、TypeScriptのインターフェースという仕組みを利用し、その記述を簡略化した形です。このインターフェースについては、Chapter 10で紹介します。

### 6-2-3
## 連想配列のリテラルは波かっことコロン区切り

連想配列の定義部分を紹介した次は、イコールの右側、連想配列のリテラルの記述方法を紹介します。連想配列のリテラルを記述する構文は次の通りで、リスト6-7では❷が該当します。

● 連想配列のリテラル

```
{キー：値, キー：値, …}
```

キーと値を：（コロン）で区切ったペアを、カンマ区切りで並べるだけです。リスト6-7の❷は、もちろん次のように1行で記述しても問題なく動作します。

```
… = {"Tomoko": 155.4, "Yumi": 162.3, "Ayaka": 157.9, "Rina": 170.2, "Yoshie": 153.7};
```

ただ、可読性を確保するために、通常、❷のように要素ごとに改行して記述します。

### 6-2-4
## 連想配列のループ処理は専用の構文を使う

連想配列をループ処理する場合、インデックスがないため、カウンタ変数を利用したループ構文は利用できません。代わりに、専用のループ構文としてfor-in構文があり、次の書式となっています。

● for-in構文

```
for(各要素のキーを格納する変数宣言 in 連想配列変数) {
    :
}
```

6-1-6項でfor-of構文を紹介しましたが、こちらは、forに続く（ ）内にofではなくinを使います。inの右側には連想配列変数を記述します。この点はofと同じです。違いは、inの左側です。ofは各要素そのものを格納する変数宣言を記述しました。一方、inの場合は、キーの値を格納する変数宣言を記述します。リスト6-7では、そのままkeyを変数名としています。この構文で繰り返しのたびに各要素のキーの値が変数keyに格納され、ループブロック内ではこのkeyを利用していくことができます（図6-14）。

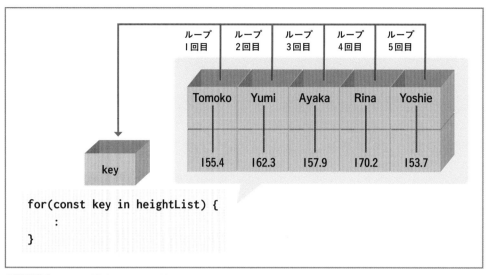

**図6-14** for-in構文のkeyの働き

### 6-2-5
## 連想配列の各要素の利用はキーを指定する ・・・・・・・・・・

そのループブロック内で変数keyを利用している部分は、次のコードです。

```
heightList[key]
```

これが、連想配列で各要素の値を利用するコードです。構文でまとめると、次のとおりです。

● 連想配列の各要素へのアクセス

> 連想配列変数[キー]

　リスト6-7では、他に❹と❺でこのコードを利用しています。❹は、既に存在するキーYoshie に、値の代入を行っています。実行結果の❸と❻の違いからわかるように、この場合は上書きに なります。

　❺では、存在しないキーEmiに値を代入しています。この場合は、要素が増えます。こちら も実行結果から確認できるでしょう。

> **note**
>
> 6-2-2項で紹介したように、キーには文字列か数値が利用できます。ここでは文字列の例を 紹介していますが、数値をキーにすると次のようなコードになります。
>
> ```
> const nameList: {[key: number]: string;} =
> {
>     349: "中田",
>       :
> }
> ```

## 6-2-6
## 連想配列のキーはドットでも指定できる

ここでリスト6-7の❼に注目します。キーがstring型の場合、各要素を指定する方法として❼のように、キーの文字列を.（ドット）でつないで指定できます。ただし、この指定方法では、注意点がいくつかあります。まず、ドットでつなぐ場合は、次のようにクォーテーションで囲むとエラーとなります。

```
heightList."Yoshie"
```

また、ドットの次に変数は使えません。例えば、リスト6-7の❸内で次のコードを記述したとします。

```
console.log(`…${heightList.key}`);
```

こちらとしては、変数のkeyとして記述したつもりでも、次のように解釈されてしまいます。

```
console.log(`…${heightList["key"]}`);
```

結果、キーが文字列の「key」である要素、と判断されてしまい、表示結果は、全て次のようにundefinedとなってしまいます。

```
○○さんの身長: undefined
```

## 6-2-7
## オブジェクトリテラルを知ろう

では、なぜ、キーが文字列の時はドットでの指定方法が可能なのかの種明かしを兼ねて、**オブジェクトリテラル**というデータ形式を紹介します。これは、リスト6-8のような内容です。objectLiteral.tsファイルを作成してください。

**リスト6-8** chap06/objectLiteral.ts

```
001   export{}
002
003   const personalData =    ❶
004   {
005       name: "Tomoko",
006       age: 19,
007       height: 155.4,              ❷
008       weight: 53.1
009   };
010   console.log(`${personalData.name}さんの情報`);    ❸
011   for(const key in personalData) {
012       console.log(`${key}の値: ${personalData[key]}`);    ❹
013   }
014   personalData["weight"] = 54.3;    ❺
015   console.log(`体重が${personalData.weight}に変化した`);    ❻
```

複数のデータをまとめる変数を理解する

6

実行結果

```
> tsc objectLiteral.ts
> node objectLiteral.js


Tomokoさんの情報
nameの値: Tomoko
ageの値: 19
heightの値: 155.4
weightの値: 53.1
体重が54.3に変化した
```

リスト6-8の❷の記述がオブジェクトリテラルです。

note

> 2-4-2項で、データや処理をひとまとまりにしたものがオブジェクトであり、そのうちデータ部分をプロパティということを紹介しました。そのプロパティを利用する場合は、メソッド同様に、オブジェクト名にドットを続けて、プロパティ名を記述することも紹介しています。

　オブジェクトリテラルは、その名称通り、そのオブジェクトをリテラルとして記述したもの、つまり、オブジェクトの中のデータを直接コードとして記述したものです。ということは、❷の、例えば、「name: "Tomoko"」などのコロンで区切ったキーと値のペアが、まさにプロパティそのものを表しているコードであり、キーがプロパティ名そのものです。さらに、そのプロパティを利用しているコードが、リスト6-8の❸や❻であり、ドットに続けてプロパティ名を記述していることがわかります。

## 6-2-8
## 連想配列とオブジェクトリテラルの関係を知ろう ・・・・・・・・・

　このオブジェクトリテラルは、JavaScript由来のデータ形式であり、JavaScriptでは、非常によく使われます。そして、プロパティ名に当たるキー部分、値部分それぞれに、様々なデータ型を採用してもよいことになっています。実際、リスト6-8の❷では、キーこそ文字列ではあるものの、値部分には文字列と数値が混在しています。

　オブジェクトリテラルは、このような仕組みのため、柔軟なデータ表現ができる一方で、例えば、キーは文字列、値は数値、のようにきっちりとデータ型を決めた上で利用したい場合には、不向きでした。その問題を解消するために、TypeScriptで導入された仕組みのひとつが、前項で紹介したインデックスシグネチャです。インデックスシグネチャでキーと値にデータ型を指定できるようにし、コンパイルの際にデータ型をチェックしながらオブジェクトリテラルに変換する、というのが、TypeScriptの連想配列の本当の姿といえます。

note

> オブジェクトリテラルにデータ型を適用させる仕組みとして、インデックスシグネチャも含めたより汎用的な方法については、Chapter 10で紹介します。

これが、連想配列のキーが文字列の時は、ドットでの指定方法が可能な理由です。連想配列のキーは、プロパティ名そのものなのです。

これは、逆に見ると、オブジェクトリテラルのプロパティを指定する方法としては、ドットにつないでプロパティ名を記述するだけではなく、連想配列のように［　］の中にプロパティ名を記述する方法も可能なことを意味します。実際、リスト6-8の❺では、その方法を採用しています。

なお、オブジェクトリテラルをループ処理する場合は、連想配列同様に、for-in構文を利用します（リスト6-8の❹）。この場合、プロパティ名はinの前で宣言した変数に代入されるので、プロパティへのアクセスには、ドットでの指定方法は使えず、［　］の方法しか利用できないので、注意してください。

note

プロパティのアクセスとして、ドットで繋ぐ方法と［　］に文字列として記述する方法の両方が使えるのは、プロパティ名、つまり、キーが文字列の場合だけです。数値をキーとした場合は、ドットでの指定方法は利用できないので注意してください。

**COLUMN　JSON**

このオブジェクトリテラルの記述形式というのは、あまりにも便利なために、このリテラル記述をそのままテキストデータとしたデータ形式が、JavaScriptとは別に普及しています。それが、JSON（JavaScript Object Notation）です（発音は、「じぇいそん」）。このJSONは、現在のWebの仕組みを支える重要なデータ形式になっています。例えば、スマホアプリがインターネット上のサーバと通信を行って、さまざまなデータのやり取りを行う際にも、JSON形式でのやり取りが主流となっています。

6 複数のデータをまとめる変数を理解する

**・　まとめ　・**

- 各要素がキーと値のペアとなったデータ形式が連想配列。
- {}が連想配列を表し、キーと値のペアをコロンで区切って記述する。
- 連想配列定義では、キーと値両方のデータ型を指定する。
- キーのデータ型を指定する際は、インデックスシグネチャを利用する。
- 連想配列のループ処理は、for-in構文を利用する。
- さまざまなデータをキーで管理できるデータ形式が、オブジェクトリテラル。

# 6-3

# Mapを知る

前節で紹介した連想配列は、オブジェクトリテラルにインデックスシグネチャを当てはめることで連想配列としたものでした。TypeScriptには、これとは別に、連想配列の仕組みを提供できるビルドインオブジェクトとしてMapがあります。このChapterの最後にこのMapを紹介します。

### 6-3-1
## Mapはnewして利用する

早速、リスト6-7のheightListを、Mapを使って表現するコードを記述していきましょう。リスト6-9のuseMap.tsを作成してください。

**リスト6-9** chap06/useMap.ts

```
001  // export{}
002
003  const heightList = new Map();          ❶
004  heightList.set("Tomoko", 155.4);
005  heightList.set("Yumi", 162.3);
006  heightList.set("Ayaka", 157.9);       ❷
007  heightList.set("Rina", 170.2);
008  heightList.set("Yoshie", 153.7);
009
010  const ayakaHight = heightList.get("Ayaka");  ❸
011  console.log(`Ayakaの身長: ${ayakaHight}`);
012
013  for(const [key, value] of heightList) {  ❹
014      console.log(`キーは${key}で値は${value}`);
015  }
```

なお、このuseMap.tsをコンパイルする際、原稿執筆時点では、オプションを指定しないと以下のエラーとなります。

```
useMap.ts:3:24 - error TS2583: Cannot find name 'Map'. Do you need to change your target
library? Try changing the `lib` compiler option to 'es2015' or later.
```

そのため、**target**オプションをES6と指定してコンパイルする必要があるので、注意してく

ださい。

実行結果

```
> tsc --target ES6 useMap.ts
> node useMap.js

要素数: 5
Ayakaの身長: 157.9
キーはTomokoで値は155.4
キーはYumiで値は162.3
キーはAyakaで値は157.9
キーはRinaで値は170.2
キーはYoshieで値は153.7
```

　連想配列の仕組みを提供するビルドインオブジェクトであるMapを利用する際に、最初に行う必要があるのが、リスト6-9の❶のコードにあるnewです。構文としてまとめると次のようになります。

●Mapの利用宣言

```
const Mapの変数名 = new Map();
```

　このnewの詳しい解説はChapter 9で行いますが、現段階では、Mapという連想配列の仕組みを備えた雛形をもとに、新たなオブジェクトを生成する処理だと理解しておいてください。

**179**

new Map()という記述によって、Map型のオブジェクトがひとつ生成され、Mapに定義された様々なメソッドやプロパティが利用できるようになります（図6-15）。

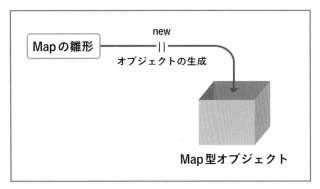

**図6-15** **new はオブジェクトを生成する処理**

　そのように生成されたオブジェクトを、イコールの左辺の変数の格納して利用できるようにします。そのnewの際に、Mapの次の()の記述を忘れないようにしてください。この()が何を表すかについても、Chpater 9 で詳細に解説します。現段階では、おまじない程度に思っておいてください。

> note
>
> ここでは、Mapオブジェクトを利用するにあたって、newを行い、オブジェクトの生成を行いました。一方、同じビルドインオブジェクトでも、これまで利用してきたconsoleやMathは、newせずに利用できました。この違いについても、同じくChapter 9で紹介します。ここでは、Mapのように、その内部にデータを保持する場合はnewを行い、一方、consoleやMathのように、機能（メソッド）だけ利用する場合はnewが不要、とだけ理解しておいて問題ありません。

### 6-3-2
## Mapのメソッドを知ろう

　newして作成されたMapオブジェクトに対して、データを格納したり、内部にあるデータを読み出したりといったデータ操作を行うには、Mapのメソッドを利用します。

　リスト6-9では、❷で set() メソッドを実行し、データ登録を行っています。その際、(　)内にカンマ区切りで2個のデータを記述しています。これが、まさにキーと値のペアです。構文としてまとめると次のようになります。

● Mapへのデータ登録

```
Mapの変数.set(キー , 値);
```

　そのようにして格納されたデータを読み出す場合に利用するメソッドが、**get()** です。こちらは、リスト6-9の❸のように、(　)内にキーを記述します。構文としてまとめると次のようにな

ります。

● Mapのデータ利用

```
Mapの変数.get(キー );
```

### 6-3-3
## Mapのループを知ろう

　Mapオブジェクトをループ処理させる場合は、配列と同じくfor-of構文を利用します。ただし、リスト6-9の❹のように、各要素を格納する変数宣言部分に、キーと値を格納する変数を、[　]内にそれぞれカンマ区切りで並べます。構文としてまとめると次のようになります。

● Mapのループ

```
for(const [key, value] of Mapの変数) {
    :
}
```

　構文では、キーを格納する変数としてkey、値を格納する変数としてvalueとしていますが、もちろん、他の変数名でもかまいません。ループブロック内では、このkeyとvalueを使って処理を記述します。

> **note**
>
> Mapと同時にES2015で導入されたビルドインオブジェクトとして、Setがあります。こちらは、配列同様に同一種のデータを管理するオブジェクトですが、内部的に重複がない状態を実現します。

**複数のデータをまとめる変数を理解する**

**6**

● ● ● ● **ま と め** ● ● ● ●

- 連想配列の仕組みを提供するビルドインオブジェクトがMap。
- Mapを利用する場合は、まずnewしたものを変数に格納して、そのメソッドを利用する。
- Mapへのデータ登録は、set()を利用する。
- Map内のデータを利用するには、get()を利用する。
- Mapのループはfor-of構文を利用する。

## 練 習 問 題

6-1 ・・・・・・・・・・・・・・・・・・・・・・・・・・・・・・・・・・・・・・・・・・・・・・・・・・・・・・・

問1 　15、36、21、48、64、59、7の各数字を格納した配列を用意し、それらを順番とともに表示するshowNums.tsをchap06フォルダに作成しましょう。

問2 　問1と同じ配列の各要素を足し合わせた結果を表示するsumNums.tsをchap06フォルダに作成しましょう。

6-2 ・・・・・・・・・・・・・・・・・・・・・・・・・・・・・・・・・・・・・・・・・・・・・・・・・・・・・・・

問3 　ある学校のある学年のクラス人数として、い組が35人、ろ組が36人、は組が37人、に組が34人、ほ組が36人とします。この人数を管理する連想配列を作成し、それぞれ組名と人数を表示するshowStudentNums.tsをchap06フォルダに作成しましょう。

問4 　問3と同じ連想配列を利用して、その学年の全体人数を計算し、表示するsumStudentNums.tsをchap06フォルダに作成しましょう。

6-3 ・・・・・・・・・・・・・・・・・・・・・・・・・・・・・・・・・・・・・・・・・・・・・・・・・・・・・・・

問5 　Mapを利用して、問3のshowStudentNumsと同じ処理内容となるshowStudentMap.tsをchap06フォルダに作成しましょう。

# 関数の基本を
# 理解する

Chapter 6では、複数のデータをまとめるデータ型として、配列、連
想配列、さらにはビルドインオブジェクトのMapを学びました。こ
のChapterでは、処理を再利用できる仕組みのひとつである関数を
紹介します。

# 7-1

# 関数の基本形を知る

関数は、一続きの処理を再利用できる仕組みです。では、そもそも、処理の再利用とはどういうことでしょうか。そこから話を始めます。

### 7-1-1
## 処理を部品化したものが関数である

　1〜100までの整数を足し算した結果を表示するコードというのは、5-2-2項で紹介したリスト5-3のコードです。これを応用して、1〜100、1〜150、1〜200の足し算結果をそれぞれ表示するプログラムを考えてみます。これは、もちろん上記コードをコピー＆ペーストして、100の部分を書き換えればできます。このように、同じようなソースコードを何度か利用する場面というのは、プログラミングでは頻出です。その場合、コピー＆ペーストでソースコードを使い回すというのが真っ先に思いつく方法です。しかし、この方法は、使い回す回数、つまり、ペースト回数が増えればそれはそれで手間であるばかりでなく、書き換え忘れによるバグを生む可能性が高くなります。

　そこで登場するのが、**関数**です。関数は、このような処理のかたまりを、ひとつの部品として定義し、再利用できるようにしたものです（図7-1）。

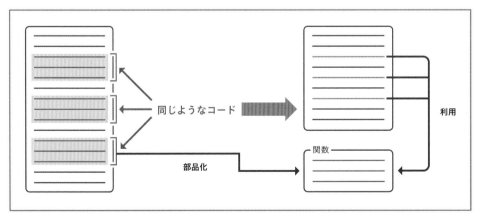

**図7-1** 処理を部品化して再利用できるようにした関数

**7-1-2**
# 関数の作り方を学ぼう

実際にコードで確認していきましょう。Chapterが変わったので、このChapter用のフォルダとして、ITBasicTypeScriptフォルダ内にchap07フォルダを作成し、その中にuseFunction.tsファイルを作成してください。

**リスト7-1** chap07/useFunction.ts

```
001  export{}
002
003  function showSigma2N(n: number) {
004      let ans = 0;
005      for(let i = 1; i <= n; i++) {    ❷
006          ans += i;
007      }
008      console.log(`結果: ${ans}`);
009  }                                              ❶
010
011  let num = 100;
012  showSigma2N(num);
013  num = 150;
014  showSigma2N(num);                              ❸
015  num = 200;
016  showSigma2N(num);
```

実行結果

```
> tsc useFunction.ts
> node useFunction.js


結果: 5050
結果: 11325
結果: 20100
```

リスト7-1の❶が関数を定義している部分です。構文としてまとめると次のようになります。

● 関数定義

```
function 関数名(引数名: 引数の型, 引数名: 引数の型, …) {
    処理;
}
```

関数を作成する場合は、次の手順でコーディングします。

①部品化したい処理全体を{ }ブロックで囲む
②ブロック全体の前にfunctionと関数名を記述する

### ③ 関数ブロック内で完結できない変数を引数として記述する

以下、順に説明していきます。

#### ① 部品化したい処理全体を { } ブロックで囲む

ここでの趣旨は、リスト5-3を部品化することです。したがって、リスト5-3全体を { } ブロックで囲んだ次のコードを作成します。

```
{
    let ans = 0;
        :
    console.log(`結果: ${ans}`);
}
```

#### ② ブロック全体の前に function と関数名を記述する

**function** は、関数を表すキーワードです。また、関数名は、変数名と同様の命名規則（3-2-2項参照）を守った上で、キャメル記法で記述すればどのような名称でもかまいません。ただし、同一ファイル内では重複しないようにし、処理の内容がわかる名称にしておきましょう。リスト7-1では、showSigma2N を関数名としますので、①のコードにこの手順を施すと次のコードになります。

```
function showSigma2N() {
    let ans = 0;
        :
    console.log(`結果: ${ans}`);
}
```

なお、ここでの関数名であるshowSigma2Nは、「整数Nまでの足し算を表示する」という意味となっています。showが「表示する」であり、Sigmaは数学で合計を表すΣ（シグマ）を、2Nは「to N」、つまり、「Nまで」を表しています。

#### ③ 関数ブロック内で完結できない変数を引数として記述する

リスト7-1では関数名に続く（　）内に記述された以下のコードが**引数**に該当します。

```
n: number
```

引数を理解するためには、関数を導入する前のコードをイメージする必要がありますので、図7-2にイメージ図を掲載します（図7-2の左側のコードはあくまでイメージで、そのままでは動作しませんので注意してください）。

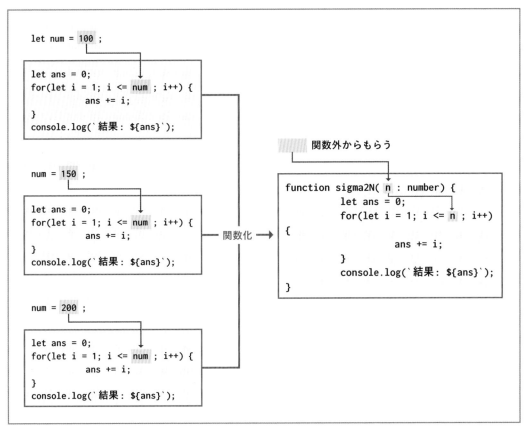

**図7-2** 引数が必要な理由

　整数の足し算の終端を表す100、150、200という値を、図7-2の左側では変数numとして用意し、各for構文の条件に利用しています。これは、numと足し算処理を行うfor構文が一続きになっているから可能なコードです。

　関数を導入すると、このfor構文が関数ブロックの中に閉じ込められることになり、直接numを利用できません。かといって、100、150、200という値は関数ブロック内では用意することができず、関数外からもらう必要があります（図7-2の右側）。この関数外から値をもらうための窓口となるのが**引数**です。関数全体を工場と例えるならば、引数は工場外部から運び込まれる原材料といえます。

　この引数は、構文にあるように、関数名に続く（　）内に次の書式のコードを記述します。

引数名: 引数の型

　引数は変数の一種ですので、引数名の付け方、型は変数に準じます。また、引数はカンマ区切りで必要な数だけ並べることができます。

　引数を設定すると、関数ブロック内ではその引数名で通常の変数と同じように利用できます。リスト7-1では、引数名をnとしているので、❷のようにfor構文の条件に利用できます。

note

関数によっては、引数が不要なものもあります。その場合でも関数名の次の()は必要で、例えば、次のような記述になります。

```
function connect2Source() {
    :
}
```

### 7-1-3
## 関数の使い方を学ぼう

一旦関数を定義したら、その関数を利用する場合は、リスト7-1の❸のように関数名を記述するだけで利用できます。ただし、そのときに、引数を渡す必要があります。これは、関数名に続く（　）内に、引数として定義された順番通りに渡したい値をカンマ区切りで並べます。

リスト7-1では、数値型の引数がひとつ設定されているので、❸のように（）内にnumを記述しています。もし、この引数を渡し忘れると、図7-3のようにエラーとなります。

```
11    let num = 100;
12    function showSigma2N(n: number): void
13    1 個の引数が必要ですが、0 個指定されました。 ts(2554)
14
15    useFunction.ts(3, 22): 'n' の引数が指定されていません。
16    問題を表示 (Alt+F8)    利用できるクイックフィックスはありません
17    showSigma2N();
18
```

**図7-3** 引数を渡し忘れた場合はエラーとなる

なお、リスト7-1の❸では、変数numを用意して、それを引数として渡していますが、次のコードのように、リテラルを直接記述しても問題なく動作します。

```
showSigma2N(100);
showSigma2N(150);
showSigma2N(200);
```

note

引数は、関数を中から見るか、外から見るかで仮引数と実引数と呼び分けることがあります。例えば、リスト7-1では、関数showSigma2N()の中から見た場合の引数nが仮引数、showSigma2N()を利用している❸でのnumが実引数です。

### 7-1-4
## 関数から値を返すことができる

リスト7-1のshowSigma2N()関数は、「引数nまでの整数の足し算結果を表示する」関数でした。このような関数の場合、関数内での足し算結果が表示という形で利用され、関数を実行す

るだけで、結果が見えます（図7-4）。

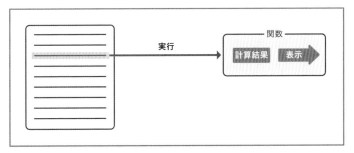

**図7-4** 関数を実行するだけで結果が見える

ここから少し関数の内容を変更し、「引数 n までの整数の足し算を行う」関数とします。となると、関数内で計算された結果をそのままにしておくと、関数処理終了後にせっかく計算された値が消えてしまい、無駄となってしまいます。この場合、その結果を呼び出し元に返却し、利用してもらいます（図7-5）。

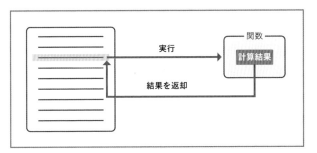

**図7-5** 関数内の処理結果を返却して初めて意義がある場合

このように、関数内の処理結果を呼び出し元に返却する値のことを、**戻り値**といいます。先の、関数が工場であるという例えを使うと、戻り値は工場から出荷された製品といえます。そして、関数は、戻り値があるものとないもの、その両方を作ることができます。

### 7-1-5
# 戻り値のある関数の作り方と使い方を学ぼう

実際に、引数 n までの整数の足し算を行い、その結果を戻り値とする関数として sigma2N() を作成し、利用するソースコードを記述しましょう。これは、リスト7-2の useReturn.ts です。

**リスト7-2** chap07/useReturn.ts

```
001  export{}
002
003  function sigma2N(n: number): number {  ❶
004      let ans = 0;
005      for(let i = 1; i <= n; i++) {
006          ans += i;
007      }
```

```
008        return ans;  ❷
009    }
010
011    const sigma100 = sigma2N(100);   ❸
012    const sigma150 = sigma2N(150);   ❹
013    const sigma200 = sigma2N(200);   ❺
014    const total = sigma100 + sigma150 + sigma200;
015    console.log(`それぞれの足し算結果: ${total}`);
```

実行結果

```
> tsc useReturn.ts
> node useReturn.js


それぞれの足し算結果: 36475
```

　リスト7-2の❷の記述が戻り値の記述です。関数ブロックの最後に**return**キーワードを記述して、その次に呼び出し元に返却する値を記述します。リスト7-2では、引数nまでの足し算結果であるansをreturnの次に記述することで、この値が関数の呼び出し元に返却されます。

note

> 厳密には、return文は、関数の最後に記述する必要はありません。しかし、return文を記述した行で、関数内の処理は終了してしまい、それ以降のコードは実行されません。このことから、条件分岐ブロック内でのreturn文など、それ以降のコードを全く実行する必要がない場合のみ、関数途中でのreturn文を利用します。

　また、戻り値のある関数を定義する場合は、リスト7-2の❶のように、関数名()にコロンを続けて、戻り値の型を記述します。ここまでの内容を踏まえて、戻り値のある関数を構文としてまとめると、次のようになります。

●戻り値のある関数定義

```
function 関数名(引数名: 引数の型, …): 戻り値の型 {
    処理;
    return 戻り値;
}
```

note

> リスト7-2では、returnの次に変数を記述していますが、記述できるものはさまざまで、例えば次のように直接リテラルを記述しても問題ありません。
>
> ```
> return "私の将来の夢";
> ```
>
> あるいは、次のように直接計算式を記述してもOKです。
>
> ```
> return (5 + 7) * 3.14;
> ```

リスト7-2では、このように定義された関数を❸〜❺で利用しています。それぞれ、引数として100、150、200の数値リテラルを渡していますので、それぞれの値までの足し算結果が戻り値として戻ってきます。せっかく関数が戻り値を返してくれるので、関数の呼び出し側ではそれを受け取って利用する必要がありますが、その受け取った値の利用方法は関数の呼び出し元の自由です。リスト7-2では、それぞれ変数sigma100、sigma150、sigma200に格納した上で、さらに、これらの変数を足し合わせた合計値totalを算出し、最終的にこのtotalを表示させています。

> **note**
>
> 7-1-2項で紹介した戻り値のない関数の場合、関数名()の次に戻り値の型を記述していません。これをあえて記述する場合、次のように、戻り値なしのデータ型を表すvoidとします。
>
> ```
> function showSigma2N(n: number): void {
>     :
> }
> ```

## 7-1-6
# 引数と戻り値の組み合わせパターンは4種類ある

ここまで、関数の基本形と引数、戻り値を紹介してきました。その引数は必要な場合と不要な場合、戻り値も必要な場合と不要な場合があります。それらをまとめると、関数の作り方としては、図7-6の4パターンあることになります。

```
① 引数有・戻り値有
function 関数名(引数名: 引数の型, …): 戻り値の型 {
    :
    return 戻り値;
}
```
引数 材料 → 🏭 → 戻り値 製品

```
② 引数有・戻り値無
function 関数名(引数名: 引数の型, …) {
    :
}
```
引数 材料 → 🏭

```
③ 引数無・戻り値有
function 関数名(): 戻り値の型 {
    :
    return 戻り値;
}
```
🏭 → 戻り値 製品

```
④ 引数無・戻り値無
function 関数名() {
    :
}
```
🏭

**図7-6** 引数と戻り値の組み合わせパターン

関数の基本を理解する 7

　そして、関数がこのどのパターンになるかは、その関数がどのような仕様なのかに依存し、どれが正しいというのはありません。例えば、リスト7-1のように、表示まで含まれている場合は、戻り値は不要ですが、一方で、呼び出し元は足し算結果が利用できません。リスト7-2のように戻り値を戻してくれる仕様ならば、計算結果をさらに演算処理に利用できます。一方で、もし表示させたい場合は呼び出し元で表示処理まで記述しなければなりません。

　このように、関数の作成、利用には様々なパターンがあること、そのどれもが正解になりうることを理解しておいてください。

> **note**
>
> これまでのサンプルでは、ひとつのファイルにひとつの関数しか記述していません。これは、もちろんサンプルだからであり、実際には、ひとつのファイル内に複数の関数を記述しても問題ありません。

---

**COLUMN　tsconfig**

6-3-1項で紹介したように、TypeScriptをコンパイルする際に、targetオプションを指定しなければならないこともあります。このように、TypeScriptのコンパイルに必要なオプション類をあらかじめファイルに記載しておくことができます。それが、tsconfig.jsonです。このファイルを手動で作成することもできますが、次のコマンドで自動生成できます。

```
> tsc --init
```

図7-C1は、chap07フォルダで上記コマンドを実行した画面です。

**図7-C1** chap07フォルダに生成されたtsconfig.jsonファイル

---

**• まとめ •**

● 処理のかたまりを部品化して、再利用できるようにしたものが関数である。

● 関数ブロック内で用意できないデータは、引数として外部から受け取る。

● 引数のある関数を利用する場合は、引数を渡す必要がある。

● 関数内の演算結果を呼び出し元に返す場合は、戻り値を利用する。

# 7-2 引数の省略について知る

前節で関数の基本が終了しました。ここから少しずつ応用させていきます。まず、引数の過不足にまつわるあれこれについて紹介します。

### 7-2-1
 **引数は定義通りに渡す必要がある**

7-1-3項でも紹介したように、引数が必要な関数を利用する場合、引数を渡し忘れているとエラーとなります。これは、引数が多い場合も同じです。例えば、リスト7-1で次のコードを記述するとエラーとなります（図7-7）。

```
showSigma2N(500, 40);
```

```
14    showSigma2N(num);
15    num = 200;          1 個の引数が必要ですが、2 個指定されました。 ts(2554)
16    showSigma2N(num);   問題を表示 (Alt+F8)    利用できるクイックフィックスはありません
17    showSigma2N(500, 40);
18
```

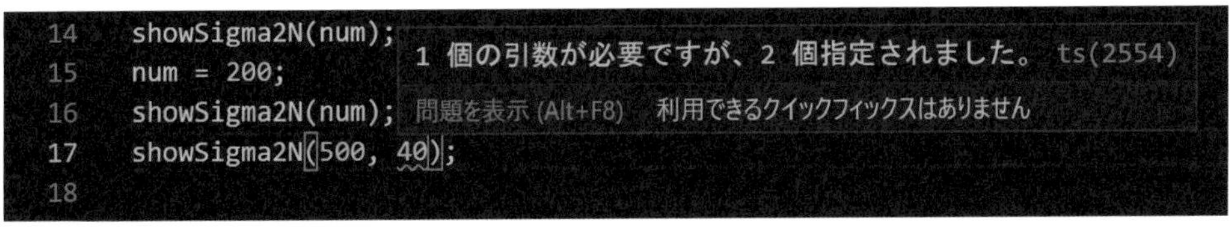

**図7-7** 引数の個数が多い場合はエラーとなる

また、個数だけでなく、次のコードのように型が違うものを引数として記述してもエラーとなります（図7-8）。

```
showSigma2N("こんにちは");
```

```
14    showSigma2N(       型 'string' の引数を型 'number' のパラメーターに割り当てることはできません。 ts(2345)
15    num = 200;
16    showSigma2N(       問題を表示 (Alt+F8)    利用できるクイックフィックスはありません
17    showSigma2N("こんにちは");
18
```

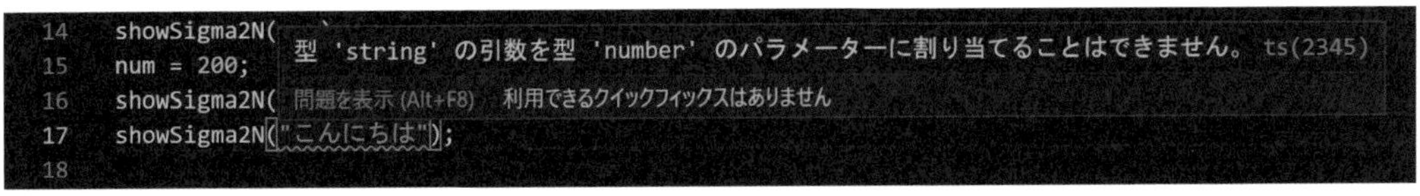

**図7-8** 引数の型が違うとエラーとなる

このように、関数の引数は、定義通りの個数と型で渡す必要があります。

7-2-2
## 引数は省略できる

本来TypeScriptの引数は、このようにきっちり定義されたものです。一方で、ある程度柔軟に利用できる道も用意されています。まず、引数名に **?** 記号を付記することで、その引数は省略可能となります。ただし、省略した場合の処理を関数内に記述しておく必要があります。

具体的にソースコードで見ていきましょう。リスト7-3のuseOptionalParameters.tsを作成してください。

**リスト7-3** chap07/useOptionalParameters.ts

```
001  export{}
002
003  function showCircumference(radius: number, pi?: number) {  ❶
004      if(pi == undefined) {
005          pi = 3.14;                                    ❷
006      }
007      const circumference = 2 * pi * radius;
008      console.log(`半径${radius}の円周の長さ: ${circumference}`);
009  }
010
011  showCircumference(4, 3.142);  ❸
012  showCircumference(8);  ❹
```

実行結果

```
> tsc useOptionalParameters.ts
> node useOptionalParameters.js


半径4の円周の長さ: 25.136
半径8の円周の長さ: 50.24
```

リスト7-3の❶に注目してください。関数showCircumference()は、引数をもとに円周を計算して表示する関数です。この関数には、数値型の引数として、半径を表すradiusと円周率を表すpiの2個が定義されています。このうちpiには?が付記されているので、この引数は省略可能です。このような省略可能の引数を定義する場合は、必ず末尾の引数、つまり、右側の引数から定義します。すなわち、必須引数がある場合は、第1引数（ひとつめの引数）から順に必須とするようにします。もし、これを逆転すると図7-9のようにエラーとなるので注意してください。

```
TS useOptionalParameters.ts ●

chap07 > TS useOptionalParameters.ts > ✦ showCircumference       (parameter) pi: number
  1  export{}                                                    必須パラメーターを省略可能なパラメーターの後に指定することはできません。 ts(1016)
  2                                                               View Problem (Alt+F8)  利用できるクイックフィックスはありません
  3  function showCircumference(radius?: number, pi: number) {
  4      if(pi == undefined) {
  5          pi = 3.14;
  6      }
```

**図7-9** 第1引数を省略可能とするとエラーとなる

　実際に関数を利用している❸と❹に注目すると、❸は半径4と円周率3.142を引数として渡しています。一方、❹は8という数値しか渡していません。つまり、引数がひとつだけです。この場合は、省略可能な引数piが省略されて、8は半径として扱われています。その場合の計算された円周は、実行結果からわかるように50.24です。これは、円周率を3.14として計算した結果であり、それを可能にしているのが、リスト7-3の❷のコードです。条件として次のコードが記述されています。

```
pi == undefined
```

　undefinedは、6-1-7項で紹介したように、未定義、すなわち値がない状態を表し、その場合、piを3.14とするようなコードになっています。

　もし、この❷がない場合、piはundefinedとして円周計算が行われることになり、実行結果は次のようになってしまいます。

```
半径8の円周の長さ: NaN
```

　この**NaN**は、Not a Numberの略で、その名の通り、数値ではないという意味です。このことから、計算に失敗していることがわかります。

　このように、引数が省略できる関数を定義する場合は、その関数内に省略された場合のコードを組み込んでおく必要があります。

### 7-2-3
## 引数にはデフォルト値が設定できる

　リスト7-3の❷の処理というのは、piが省略された場合の値、つまり、デフォルト値を設定している処理といえます。引数が省略された場合の処理が単なるデフォルト値の設定ならば、TypeScriptには引数のデフォルト値を設定できる構文があるので、そちらを利用することもできます。実際にリスト7-3をそのように改造したリスト7-4のuseParameterDefault.tsを作成してください。

**リスト7-4** chap07/useParameterDefault.ts

```
001  export{}
002
003  function showCircumference(radius: number, pi: number = 3.14) {  ❶
004      const circumference = 2 * pi * radius;
005      console.log(`半径${radius}の円周の長さ: ${circumference}`);
006  }
007
008  showCircumference(4, 3.142);
009  showCircumference(8);  ❷
```

　実行結果はリスト7-3と同じです。

　リスト7-4の❶の引数piの記述がデフォルト値の記述です。構文としては次のようになります。

●引数のデフォルト値

```
function 関数名(引数名 = デフォルト値, …)
```

note

デフォルト値を設定した引数は、そのデフォルト値から型推論が働くため、次コードのように、データ型を記述しなくても問題なく動作します。

```
function showCircumference(radius: number, pi = 3.14) {
```

リスト7-4の場合は、❷のように第2引数が省略されて実行された場合、設定されたデフォルト値である3.14が自動的にpiの値となります。そのため、リスト7-3の❷のような値がない場合の分岐が不要となり、すっきりしたコードになります。

### 7-2-4
# デフォルト値の設定は末の引数から ・・・・・・・・・・・・

引数のデフォルト値は、引数の省略と違い、例えば次のように第1引数にデフォルト値を設定して第2引数が通常の引数という記述も可能です。

```
function showCircumference(radius = 8, pi: number) {
```

ただし、この場合、関数を利用する際に、次のコードのように第1引数を省略して第2引数のつもりで引数を記述しても、第2引数とは扱ってくれません。

```
showCircumference(3.14);
```

結果、省略不可な第2引数が省略されたとみなされ、エラーとなります（図7-10）。そのため、引数の省略と同じく、デフォルト値を引数に設定する場合も、引数順序が末のものから行うようにしてください。

```
3    function showCircumference(radius = 8, pi: number) {
4    function showCircumference(radius: number, pi: number): void
5    2 個の引数が必要ですが、1 個指定されました。 ts(2554)
6
7    useParameterDefault.ts(3, 40): 'pi' の引数が指定されていません。
8    問題の表示 (Alt+F8)　利用できるクイックフィックスはありません
```

**図7-10** 省略不可な第2引数がないというエラーとなる

● まとめ ●

- 関数を利用する場合、定義された通りの引数を渡す必要がある。
- 省略可能な引数を定義する場合は、?を付記する。
- 省略可能な引数が定義された関数では、引数が省略された場合の処理を含んでおく必要がある。
- 引数が省略された場合のデフォルト値を設定できる。

# 7-3

# 引数の拡張について知る

引数の話を、もう少し続けます。前節では定義した引数より少ない引数
で関数が利用できる話でした。本節では、逆に定義より多い引数で利用
できる仕組みを紹介します。

### 7-3-1
## 引数の個数を限定しない可変長引数

7-2-1項で説明したように、関数を利用する際、定義した個数より多い引数を渡すとエラーと
なります。しかし、関数の利用場面によっては、渡す引数の個数が増減し、関数定義時では定ま
らないこともあります。そのような時に活躍するのが**可変長引数**、すなわち、引数の個数が可変
な引数です。

実際にソースコードで見ていきましょう。リスト7-5のuseRestParameters.tsを作成してく
ださい。

**リスト7-5** chap07/useRestParameters.ts

```
001  export{}
002
003  function sumScores(...scores: number[]): number {   ❶
004      let total = 0;
005      for(const score of scores) {   ❷
006          total += score;
007      }
008      return total;
009  }
010
011  const total6 = sumScores(10, 9, 9, 10, 8, 9);   ❸
012  console.log(`6人の審査員の合計点: ${total6}`);
013  const total4 = sumScores(10, 9, 8, 9);   ❹
014  console.log(`4人の審査員の合計点: ${total4}`);
```

実行結果

```
> tsc useRestParameters.ts
> node useRestParameters.js
```

| 6人の審査員の合計点: 55 |
| 4人の審査員の合計点: 36 |

　リスト7-5の❶で関数sumScores()を定義しています。この関数は、ある審査員団の審査結果（一人当たり10点満点）の合計点を算出する関数です。戻り値は算出された合計点です。

　一方、引数は、通常なら、次のように各審査員の点数を受け取れるように並べます。

```
function sumScores(scoreA: number, scoreB: number, …) {
```

　審査員の数が最初から固定ならば、この方法で問題ないでしょう。しかし、その都度審査員の数が変化するならば、この方法では不便です。例えば、リスト7-5の❸では、6人分の点数を渡しています。一方、❹では、4人分の点数を渡しています。この項の冒頭に説明したように、このような場合に、可変長引数を利用します。それは、次の構文となり、リスト7-5では❶が該当します。

●可変長引数

```
function 関数名(...引数名: 引数のデータ型[], …)
```

　可変長引数を表すポイントは、引数名の前の …（ドット3個）です。これで可変長引数となります。その可変長引数のデータ型には、配列と同じく [] を付記します。

　また、関数内では、この可変長引数は配列そのものとして扱うことができ、したがって、リスト7-5では、❷のようにfor-of構文を利用して、点数の合計値を計算しています。

## 7-3-2
## 可変長引数が配列なのは関数内だけ

　この可変長引数に関して注意が必要なのは、配列として扱えるのは関数内だけである、ということです。可変長引数の関数を利用する場合、つまり、関数の外から見た場合、引数は、あくまで数値型なら数値型、文字列型なら文字列型の引数が並んだ状態となります。そのため、例えば、リスト7-5のsumScores()を次のように利用しようとしたら、エラーとなるので注意してください（図7-11）。

```
sumScores([10, 9, 9, 10, 8, 9]);
```

```
11   const total6 = sumScores(10, 9, 9, 10, 8, 9);
12   console.log( 6人の審査員の合計
13   const total4 = sumScores(10,          型 'number[]' の引数を型 'number' のパラメーターに割り当てることはできません。 ts(2345)
14   console.log( 4人の審査員の合計        問題の表示 (Alt+F8)    利用できるクイックフィックスはありません
15   const totalArray = sumScores([10, 9, 9, 10, 8, 9]);
16
```

**図7-11** 可変長引数に配列を渡してエラーとなる

　エラー文面からも、あくまで可変長引数には、別々の値として渡していく必要があることが理

解できるでしょう。

> **note**
>
> 可変長引数と通常の引数を、次のコードのように組み合わせることもできます。
>
> ```typescript
> function sumScores(name: string, ...scores: number[]): number {
> ```
>
> この場合、関数を利用する場面では、次のような記述になります。
>
> ```typescript
> const total4 = sumScores("はなれ組", 10, 9, 8, 9);
> ```
>
> 上記コードなら、第1引数nameには「はなれ組」が格納され、第2引数以降の数値が
> scoresに格納されます。
> ただし、このような組み合わせの場合は、可変長引数を一番末の引数にしておかないとエ
> ラーになるので注意してください。

### 7-3-3
## 配列は引数に展開できる

可変長引数で紹介した ...（ドット3個）の別の使い方を紹介します。これは、先にソースコードを見てもらいましょう。リスト7-6のuseSpreadSyntax.tsを作成してください。

**リスト7-6** chap07/useSpreadSyntax.ts

```typescript
001  export{}
002
003  function concatName(lastName: string, middleName: string, firstName: string): string {  ❶
004      return `${lastName}・${middleName}・${firstName}`;
005  }
006
007  const name1 = concatName("田中", "ダニエル", "健三");  ❷
008  console.log(`結合結果: ${name1}`);
009  const nameArray = ["佐藤", "ミカエル", "健太"] as const;  ❸
010  const name2 = concatName(...nameArray);  ❹
011  console.log(`結合結果: ${name2}`);
```

実行結果

```
> tsc useSpreadSyntax.ts
> node useSpreadSyntax.js


結合結果: 田中・ダニエル・健三
結合結果: 佐藤・ミカエル・健太
```

リスト7-6の❶で定義した関数は、姓名、そしてミドルネームの3個の名前文字列を引数として受け取り、それらを・でつないだ文字列を生成する関数です。引数もそれに合わせて3個用意しています。

　この関数を利用する際は、❷のように引数を3個渡します。ここまでは、これまで学んだことで理解できるでしょう。

　実は、この引数は、3個バラバラに渡す方法もあるのですが、あらかじめ配列としてまとめておき、その配列を渡す方法もあります。ただし、次のコードのようにそのまま渡したのでは、当然エラーとなります。

```
const name2 = concatName(nameArray);
```

　これを、リスト7-6の❹のように、ドット3個を前に記述することで、配列の中身をそれぞれの引数に展開してくれます（図7-12）。

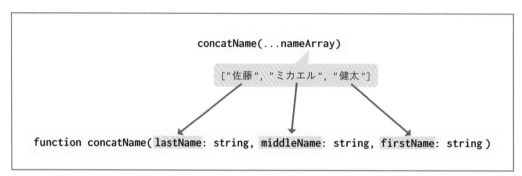

**図7-12** 配列をそれぞれの引数に展開

　ただし、この方法を利用する場合はひとつ注意しなければならないことがあります。それは、配列の個数を、引数に合わせて固定する必要があることです。6-1-7項で説明したように、配列は、いくらconstで宣言していても、その中身を変更することができます。これを完全に変更不可にできるキーワードが、リスト7-6の❸の末尾に記述された **as const** です。この記述がないと、❹の段階でエラーとなるので注意してください（図7-13）。

```
  4        return `${lastName}・${middleName}・${firstName}`;
  5    }                          const nameArray: string[]
  6
  7    const name1 = concatName(  3 個の引数が必要ですが、0 個以上指定されました。 ts(2556)
  8    console.log(`結合結果: ${n  useSpreadSyntax.ts(3, 21): 'lastName' の引数が指定されていません。
  9    const nameArray = ["佐藤"   問題の表示 (Alt+F8)    利用できるクイックフィックスはありません
 10    const name2 = concatName(...nameArray);
 11    console.log(`結合結果: ${name2}`);
```

**図7-13** 配列を変更不可にしないとエラーとなる

**• まとめ •**

- 引数の個数が増減する場合は、可変長引数を利用する。
- 可変長引数は関数内部では配列として扱える。
- 配列変数をドット3個とともに引数に記述すると、引数として展開してくれる。

練 習 問 題

## 7-1 ············································································

**問1** triangle.ts ファイルを chap07 フォルダに作成し、その中に三角形の面積を計算して表示する関数 showTriangleArea() を作成しましょう。

**問2** 問1で作成した triangle.ts に、実行部分として showTriangleArea() を利用して、底辺が25、高さが15の三角形の面積を表示させるコードを追記し、次のように表示させましょう。

実行結果
```
辺25で高さ15の面積は187.5
```

**問3** triangle.ts と同じ実行結果になる triangle2.ts を chap07 フォルダに作成しましょう。ただし、関数は calcTriangleArea() とし、単に三角形の面積を計算してその値を返却する関数とします。

## 7-2 ············································································

**問4** 長方形の面積を計算してその値を返却する関数として calcRectangleArea() を作成します。引数は長方形の縦の長さと横の長さとしますが、片方は省略できます。その場合は、正方形として計算します。その関数 calcRectangleArea() を利用して、次のように表示させる rectangle.ts を chap07 フォルダに作成しましょう。

実行結果
```
縦11で横24の長方形の面積: 264
一辺が13の正方形の面積: 169
```

**問5** 売上から手数料10%を差し引いた額から粗利益を計算して表示する関数 showGrossProfit() を作成します。粗利率は引数として指定できますが、省略した場合は70%とします。その関数 showGrossProfit を利用して、次のように表示させる grossProfit.ts を chap07 フォルダに作成しましょう。

実行結果
```
1245615の粗利: 896843(粗利率0.8)
2214568の粗利: 1395178(粗利率0.7)
```

なお、粗利益は、売上×粗利率で計算できます。

## 7-3 ············································································

**問6** テスト結果の平均点を算出する関数として calcAverageScore() を作成します。各科目のテストそのものは100点満点ですが、受験科目数は人によって増減します。その関数

calcAverageScore()を利用して、中田さんの平均点と、中山さんの平均点を表示させるaverageScore.tsをchap07フォルダに作成しましょう。

なお、中田さんの点数は、87、77、89、54、90であり、中山さんの点数は、68、87、74、91、69、73、85であり、計算された平均点の丸め処理は不要です。実行結果例は次のとおりです。

実行結果

```
中田さんの平均点: 79.4
中山さんの平均点: 78.14285714285714
```

問7　問6の平均点を算出する関数を3教科に限定したcalcAverage3Score()を作成します。そのため、calcAverage3Score()の引数は3個とします。その上で、中田さんの最初の3教科の得点配列である[87, 77, 89]と、中山さんの最初の3教科の得点配列である[68, 87, 74]を、それぞれcalcAverage3Score()に渡して平均点を表示させるaverageScore2.tsをchap07フォルダに作成しましょう。実行結果例は次のとおりです。

実行結果

```
中田さんの平均点: 84.33333333333333
中山さんの平均点: 76.33333333333333
```

Chapter

# 8

# 関数の応用的な機能を
# 理解する

Chapter 7では、処理を再利用できる仕組みである関数の基礎を紹介
しました。このChapterでは、その続きとして、さまざまな関数の
定義方法、使い方を紹介していきます。

# 8-1

# 関数の
# オーバーロードを知る

7-1-2項で学んだように、同一ファイル内では、同一名の関数を複数定義できません。ただし、ある条件を満たすと、同一名の関数を複数定義できます。これが、本節で学ぶオーバーロードです。

### 8-1-1
### オーバーロードとは何かを学ぼう

本来複数記述できないはずの同一名関数を、複数記述するには、引数をそれぞれ別の内容にします。これを、**オーバーロード**といいます。

例えば、自己紹介を表示する関数descOneselfWithMessage()を考えてみます。この関数を次のように呼び出すと、「こんにちは！江藤です。よろしくお願いします！」と表示されます。

```
descOneselfWithMessage("江藤", "よろしくお願いします!");
```

この関数は、第1引数に名前、第2引数にメッセージを受け取ることになるので、関数の定義部分（これを**シグネチャ**といいます）は次のようになります。

```
function descOneselfWithMessage(name: string, message: string)
```

一方、同じように自己紹介を表示する関数として、descOneselfWithBirthday()を考え、次のような呼び出し方では、「こんにちは、江藤です。6月12日生まれです。」と表示するとします。

```
descOneselfWithBirthday("江藤", 6, 12);
```

この関数の場合は、第2引数が月、第3引数が日を表す数値ですので、関数シグネチャは次のようになります。

```
function descOneselfWithBirthday(name: string, month: number, day: number)
```

この2個の関数をそれぞれ定義し、上記のように、それぞれの利用コードを記述すれば問題なく動作します。それは、2個の関数名が、それぞれ違うからです。これを同一名のdescOneselfとし、利用コードとしては、次のように、同一関数の引数違いのように利用できる仕組みが、**オーバーロード**です。

```
descOneself("江藤", "よろしくお願いします!");
descOneself("江藤", 6, 12);
```

### 8-1-2
## オーバーロードの書き方を学ぼう

　関数のオーバーロードを利用する場合、通常の関数定義とは少し違う書き方が必要です。実際にソースコードを記述しながら、その書き方を学びましょう。Chapterが変わったので、このChapter用のフォルダとして、ITBasicTypeScriptフォルダ内にchap08フォルダを作成し、その中にuseOverloads.tsファイルを作成してください。

**リスト8-1** chap08/useOverloads.ts

```
001  export{}
002
003  function descOneself(name: string, message: string);        ❶
004  function descOneself(name: string, month: number, day: number);    ❷
005  function descOneself(name: string, msgOrMonth: number|string, day?: number) {   ❸
006      let desc = `こんにちは、${name}です。`;        ❹
007      if(typeof msgOrMonth == "string") {        ❺
008          desc += msgOrMonth;        ❻
009      } else {        ❼
010          desc += `${msgOrMonth}月${day}日生まれです。`;        ❽
011      }
012      console.log(desc);        ❾
013  }
014
015  descOneself("江藤", "よろしくお願いします!");
016  descOneself("江藤", 6, 12);
```

実行結果

```
> tsc useOverloads.ts
> node useOverloads.js


こんにちは、江藤です。よろしくお願いします!
こんにちは、江藤です。6月12日生まれです。
```

　リスト8-1の❶～❸がオーバーロードを利用した関数定義です。
　まず、❶と❷の引数部分に注目してください。これは、まさに前項で例に挙げたdescOneselfWithMessage()やdescOneselfWithBirthday()と同じ引数定義です。しかも、本来関数に必要な処理を記述した{ }ブロックが存在せず、文末がセミコロンで終わっています。つまり、関数シグネチャだけの記述となっています。このように、オーバーロードでは、まず、関数シグネチャだけを、引数違いのパターン分だけ記述します。このシグネチャを、**オーバーロードシグネチャ**といいます。

> **note**
>
> 引数のパターン違いとして大切なのは、あくまで、引数の型と個数と順番です。例えば、次のように引数の型も個数も順番も同じで、引数名だけ違うものは、同じシグネチャとみなされるので注意してください。
>
> ```
> function descOneself(name: string, month: number);
> function descOneself(name: string, monthOfOne: number);
> ```

続けて、❸の記述を行います。❸は、**実装シグネチャ**といい、特徴としては、全てのオーバーロードシグネチャを包括する内容になっている必要があることと、実装という名の通り、シグネチャに続けて関数ブロックを記述し、処理が記述されていることです。

実装シグネチャがどのようにオーバーロードシグネチャを包括しているかを図にまとめると、図8-1のようになります。

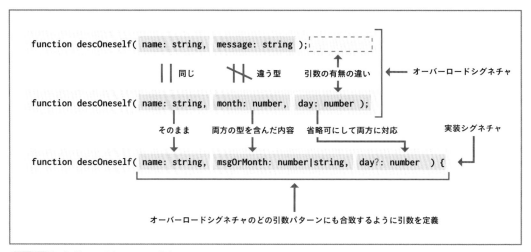

**図8-1** 実装シグネチャの仕組み

具体的に説明していきます。

❶と❷のオーバーロードシグネチャを見比べると、第1引数は共通してstring型です。したがって、実装シグネチャも、同じくstring型のnameをそのまま第1引数とします。

次に、第2引数は、❶はstring型のmessageである一方で、❷はnumber型のmonthです。実装シグネチャはこの両方の内容に対応していなければなりません。ここで、❸の第2引数に注目してください。データ型として次の記述となっています。

```
number|string
```

この記述のように、複数のデータ型を｜（パイプ）でつないだ記述を**ユニオン型（共用型）**といい、まさに❶のstring型と❷のnumber型の両方に対応したデータ型記述といえます。なお、引数名に関しては、そもそも自由に設定できますので、❸では、msgOrMonthと❶と❷の両方に対応したような名称にしています。

最後に、第3引数についてです。❶は、そもそも第3引数が存在していません。一方、❷はnumber型のdayです。この両方に対応するために、❸では、?を付記して引数の省略が可能で

あることを表しています。

note

リスト8-1の実装シグネチャの第2引数は、string型とnumber型の両方に対応するために、ユニオン型を利用しました。別の方法として、全てのデータ型を表す**any**を利用して、次のようなシグネチャを記述することも可能です。

```
function descOneself(name: string, msgOrMonth: any, day?: number) {
```

ただし、anyはデータ型を何でも受け付けてしまうため、型の安全性確保というTypeScriptの最大の利点を犠牲にすることになります。そのため、できる限りユニオン型でデータ型を明示するようにしましょう。

### 8-1-3
## 処理内容も全てのシグネチャに対応する

前項で説明した通り、実装シグネチャに対しては、関数ブロックを記述し、処理を記述します。しかも、オーバーロードの関数定義全体で処理を記述するところがここだけということは、オーバーロードされた関数のどのパターンを利用しようとも、実際に実行されるのは、この実装シグネチャの関数ブロックということになります（図8-2）。

```
                                          どの引数パターンで関数が利用され
                                          ても、この処理が実行される。

function descOneself(name: string, message: string);
function descOneself(name: string, month: number, day: number);
function descOneself(name: string, msgOrMonth: number|string,  day?: number) {
    :
    処理
    :
}
```

**図8-2** オーバーロードでは実装シグネチャの関数ブロックが実行される

実際、リスト8-1の❹～❾の関数ブロック内の処理は、それを考慮した内容となっており、第2引数msgOrMonthが、number型かstring型かで処理を分岐させています。その分岐の判定を行っているのが、リスト8-1の❺です。❺では、初登場の演算子として、**typeof**演算子を利用しています。この演算子は、その名称通り、次に記述された変数のデータ型を文字列で返します。このことから、❺と❻はmsgOrMonthがstring型（文字列）の場合の処理、つまり、オーバーロードシグネチャが❶で実行された場合の処理に該当します。一方、❼と❽のelseブロックは、それ以外ということから、number型（数値）の場合の処理、つまり、オーバーロードシグネチャが❷の場合の処理となります。

それぞれの処理内容としては、あらかじめ❹で第1引数を利用して作成した表示用文字列descに対して、第2引数が文字列の場合は、❻でそのまま引数の内容を文字列結合しています。

一方、数値の場合は、❽で「〇〇月〇〇日生まれです。」の「〇〇」の部分に第2引数と第3引数の値を埋め込んでdescに文字列結合しています。

このようにして文字列結合された文字列を、最終的に❾で表示しています。

### 8-1-4
# 実装シグネチャは呼びされないことを理解する

関数のオーバーロードでひとつ注意しておかないといけないのは、実装シグネチャは直接呼び出されない、ということです。例えば、次のようなコードです。

```
descOneself("江藤", 6);
```

これは、リスト8-1の❸のシグネチャからすると、問題ない関数利用コードです。しかし、このコードは、オーバーロードシグネチャに合致しないため、図8-3のようにエラーとなります。

```
12        }
13        console.log(desc 型 'number' の引数を型 'string' のパラメーターに割り当てることはできません。 ts(2345)
14    }
15                          useOverloads.ts(5, 10): 呼び出しはこの実装に対して成功した可能性がありますが、オーバーロー
16    descOneself("江藤",    ドの実装シグネチャは外部からは参照できません。
17    descOneself("江藤",    問題の表示 (Alt+F8)    利用できるクイックフィックスはありません
18    descOneself("江藤", 6);
19
```

**図8-3**　実装シグネチャに合致したコードでもエラーとなる

このことから、オーバーロード関数は、あくまでオーバーロードシグネチャを通してのみ利用できることが理解できるでしょう。

もちろん、次のコードのように、そもそもシグネチャにない関数利用コードの場合は、エラーとなります。

```
descOneself("江藤", 6, true);
```

### 8-1-5
# オーバーロードが必要な理由を理解する

ここで、リスト8-1に関して、オーバーロードシグネチャをなくして、実装シグネチャのみ、つまりは通常の関数定義のみの記述で問題ないのではないか、という疑問がわいたかた方もいるかもしれません。これは、次のようなコードです。

```
function descOneself(name: string, msgOrMonth: number|string, day?: number) {
        :
}


descOneself("江藤", "よろしくお願いします!");
descOneself("江藤", 6, 12);
```

確かに、このコードは問題なく動作します。しかし、今度は逆に、次の関数利用コードでエラーとなりません。

```
descOneself("江藤", 6);
```

　これは、実装シグネチャの第3引数が省略可能だから当たり前といえば当たり前です。しかし、第2引数に数値を記述した場合、それは、誕生月を表すことになり、第3引数の誕生日が必須です。第3引数が省略可能なのは、第2引数が文字列の場合です。このような、それぞれの利用パターンに応じた引数を定義しようとすると、ユニオン型と引数の省略のみでは対応できず、オーバーロードという仕組みが必要なのです。

note

逆に、引数の省略やユニオン型引数で対応できる場合は、無理にオーバーロードを利用する必要はありません。引数の省略で対応可能な例については7-2-2項で紹介しました。ここでは、ユニオン型で対応できる例を紹介します。
先のdescOneself()が、例えば、「こんにちは、江藤です。よろしくお願いします!」と「こんにちは、江藤です。22歳です。」という2種類の表示だとすると、第2引数は「よろしくお願いします!」のメッセージ(文字列)と22という年齢を表す数値となります。その場合は、次のシグネチャで対応でき、オーバーロードの仕組みは利用せずに済みます。

```
function descOneself(name: string, msgOrAge: string|number)
```

• まとめ •

- 引数違いの同名関数を定義でき、これをオーバーロードという。
- オーバーロード関数は、オーバーロードシグネチャと実装シグネチャから成り立つ。
- 実装シグネチャは、オーバーロードシグネチャを包括した内容である。
- どのオーバーロードシグネチャで呼び出されても、実行されるのは実装シグネチャの関数ブロック内の処理である。
- 実装シグネチャは直接呼び出されることはない。

# 8-2

# 関数式と
# 無名関数を知る

TypeScriptの関数は、これまでのように単に定義して、それを利用して、
という使い方以外に、関数をデータそのものとして扱うことができます。
データとして、とはどういうことでしょうか。そのあたりから話を始め
ていきます。

## 8-2-1
## 関数そのものをデータにできる

例えば、次のコードを見てください。

```
const roundedNum = Math.round(25.458);
```

=の右辺のMath.round()は4-1-5項で紹介済みの四捨五入メソッドです。そのメソッドに、
25.458というデータを渡しています。

これと全く同じ仕組みが、関数にも適用でき、関数そのものをデータとして渡すことができま
す。具体的にコードで見ていきましょう。

**リスト 8-2** chap08/useCallback.ts

```
001  export{}
002
003  function showRoundedElement(currentValue: number, index: number, array: number[]) {  ❶
004      const roundedElement = Math.round(currentValue);  ❷
005      console.log(`${index + 1}個目の要素${currentValue}の丸め処理後:
     ${roundedElement}`);  ❸
006  }
007
008  const numList = [45.112, 78.567, 66.891, 12.223, 28.341];  ❹
009  numList.forEach(showRoundedElement);  ❺
```

実行結果

```
> tsc useCallback.ts
> node useCallback.js


1個目の要素45.112の丸め処理後: 45
2個目の要素78.567の丸め処理後: 79
```

| |
|---|
| 3個目の要素66.891の丸め処理後： 67 |
| 4個目の要素12.223の丸め処理後： 12 |
| 5個目の要素28.341の丸め処理後： 28 |

　リスト8-2で注目すべき点は、❺です。❹では、各要素が小数の配列numListを用意しています。そのnumListに対して、. forEach()をつなげています。実は、配列は、宣言された時点で、ビルドインオブジェクトのひとつである **Array** オブジェクトとして扱われ、様々なメソッドを利用することができます（2-4-2項参照）。そのうちのひとつであるforEach()は、配列を自動でループさせながら、各要素に対して様々な処理を加えていくことができます。

　ここで問題となるのは、その各要素に加える処理をどのような形で記述するのか、ということです。これは、❶のように関数の形式で記述し、その関数そのものをforEach()の引数として渡すことで処理が成り立ちます（図8-4）。

```
function showRoundedElement(currentValue: number, index: number, array: number[]) {
    :
}
```

numList.forEach( showRoundedElement );

**図8-4** 関数そのものを引数として渡す

　ここで注意したいのは、forEach()の引数として記述しているshowRoundedElementは、関数名ではなく、関数そのものだということです。もし、関数名を引数とするならば、次のように文字列として渡す必要があります。

```
numList.forEach("showRoundedElement");
```

　そして、この関数そのものが引数となったものを、**コールバック関数**といいます。つまり、forEach()の引数はコールバック関数であり、リスト8-2では、そのコールバック関数に、❶の関数showRoundedElement()を渡している、と表現できます。
　構文としてまとめると次のようになります。

● forEach()

| |
|---|
| 配列.forEach(コールバック関数); |

　構文中のコールバック関数は、配列の各要素を処理するための関数で、次の3個の引数を記述する必要があります。また、戻り値は不要です。

**8**

関数の応用的な機能を理解する

・**第1引数: currentValue: 配列の各要素のデータ型**

現在の繰り返しで処理対象としている要素の値。

・**第2引数: index: number**

現在の繰り返しで処理対象としているインデックスの値。

・**第3引数: array: 配列のデータ型**

処理対象の配列そのもの。

リスト8-2では、これらの引数のうち第1引数を使って、❷で四捨五入を行っています。その結果と第2引数を使って表示処理を行っているのが❸です。その結果、リスト8-2全体としては、実行結果からわかるように、各要素を四捨五入して表示する処理となっています。

このように、forEach()とコールバック関数を知っていることで、手動で配列をループさせる必要がなくなります。このような仕組みは、forEach()以外にも多々あり、コールバック関数を前提としたビルドインオブジェクトの様々な機能を利用することで、コードを省力化できます。

### 8-2-2
## 関数式を知ろう

ここで、関数がひとつのデータであるという仕組みをもう一段進めます。

前項冒頭で紹介したMath.round()の例は、もちろん、次のようにも記述できます。

```
const num = 25.458;
const roundedNum = Math.round(num);
```

25.458というデータ（リテラル）を変数numに格納した上で、Math.round()に渡しています。これと同様のことが関数でも可能であり、リスト8-2は、リスト8-3のように書き換えることが可能です。

**リスト8-3** chap08/useFuncExpression.ts

```
001    function showRoundedElement(…) {
002        〜省略〜
003    }
004    const func = showRoundedElement;  ❶
005    const numList = […];
006    numList.forEach(func);
```

リスト8-3の ❶ では、showRoundedElementを変数funcに代入しています。このshowRoundedElementは、文字列ではなく、リスト8-2のforEach()の引数同様に、関数そのものです。ということは、変数funcは関数そのものを代入した変数と言えます（図8-5）。

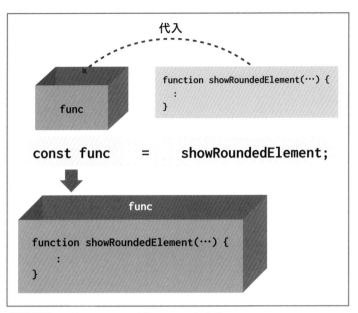

**図8-5** 関数そのものが代入された変数func

このように、関数そのものをひとつのデータとして扱い、変数に代入したり、引数として渡したりできる仕組みを、**関数式**といいます。

### 8-2-3
## 使い捨ての関数を利用してみよう

リスト8-2では、forEach()のコールバック関数として、showRoundedElement()という関数をわざわざ定義して、それを引数として渡しました。リスト8-3では、関数式として、一旦変数に代入したものの、仕組みとしては同じです。

7-1-1項で説明した通り、そもそも、関数の定義というのは、処理を再利用するためです。もし、リスト8-3のforEach()の引数として渡す関数が、その場限りで再利用の必要がないならば、関数を定義することは非効率です。そこで、関数式として、変数に直接関数定義を代入する仕組みを利用することにします。

これは、リスト8-4のuseFuncExpression2.tsのようになります。リスト8-3と同様に、部分的にコードを省略しています。

**リスト8-4** chap08/useFuncExpression2.ts

```
001  export{}
002
003  const func = function showRoundedElement(…) {  ❶
004      ～省略～
005  }
006
007  const numList = […];
008  numList.forEach(func);
```

注目点は❶です。リスト8-2やリスト8-3で関数定義として記述していた内容を、そのまま＝で変数funcに代入しています。まさに、25.458というデータ（リテラル）と同じような扱いになっています。これで、関数定義が再利用されることはなくなり、いわば、使い捨ての関数として利用できるようになりました。

## 8-2-4
## 関数の名前を省略してみよう

実は、リスト8-4の記述には、まだ無駄があります。というのは、関数を使い捨てにするならば、そもそも、showRoundedElementという関数名そのものが不要だからです。そこで登場するのが**名前のない関数**です。実際にソースコードでみていきましょう。リスト8-5のuseAnonymousFunc.tsファイルを作成してください。リスト8-4との違いは、赤字の部分であり、これまで同様、部分的にコードを省略しています。

**リスト8-5** 　chap08/useAnonymousFunc.ts

```
001    export{}
002
003    const func = function(currentValue: number, index: number, array: number[]) {  ❶
004        ～省略～
005    }
006
007    const numList = [45.112, 78.567, 66.891, 12.223, 28.341];
008    numList.forEach(func);
```

リスト8-4から一番大きく変化したところは、リスト8-5の❶です。リスト8-4でshowRoundedElement()としていた関数名がなくなっています。代わりに、functionキーワードに続けて（　）の引数定義が記述されています。

このように、一見関数定義のように見えるが関数名が存在しないものを、**無名関数**、あるいは、**匿名関数**といいます（無名も匿名も英語のanonymousの訳です）。関数から名前がなくなった途端、当たり前ですが、関数名を指定して関数を特定、利用する方法を使えなくなります。リスト8-4の方法より、より使い捨ての関数となります。そして、そもそも使い捨てを想定しいるコールバック関数として使う時は、この無名関数は便利であり、最適なのです。

## 8-2-5
## 無名関数を引数内で定義してみよう

さらに、この使い捨ての考え方を進めていくと、リスト8-5の❶のように、変数に格納することすら無駄に思えてきます。その場合、forEach()の引数内で無名関数を定義することができます。そのようなコードを見ていきましょう。リスト8-6のuseAnonymousFunc2.tsファイルを作成してください。リスト8-5との違いは、赤字の部分です。

```
001    export{}
002
003    const numList = [45.112, 78.567, 66.891, 12.223, 28.341];
004    numList.forEach(
005       function(currentValue: number, index: number, array: number[]) {
006          const roundedElement = Math.round(currentValue);
007          console.log(`${index + 1}個目の要素${currentValue}の丸め処理後:
       ${roundedElement}`);
008       }
009    );
```

実行結果はリスト8-5と同じです。

リスト8-6では変数funcの右辺に記述されていたfunction以降のコードが、そのまま forEach()の（　）内に記述されただけです。そのぶん、コードとしては読みにくい内容になって いますが、処理内容は全く変わりません。そして、実は、TypeScript（とその元となる JavaScript）では、このように引数内で直接無名関数を記述するコードというのはよく見かけま す。もしこのようなコードを見かけて戸惑った場合は、リスト8-5の一旦変数に格納したコードパ ターン、さらには、リスト8-4の関数定義をしたコードパターンを思い返すようにしてください。

---

• まとめ •

- ◉ 関数そのものをひとつのデータとして扱えるのが、関数式。
- ◉ 関数式の仕組みを利用すると、関数そのものを変数や配列に格納したり、引数 で渡したりできる。
- ◉ 関数が引数となったものを、コールバック関数という。
- ◉ **TypeScript**では、コールバック関数を前提にしたビルドインオブジェクトが多 数ある。
- ◉ コールバック関数として利用する関数は、使い捨ての関数のことが多い。
- ◉ 使い捨ての関数には無名関数を利用すると便利。

# 8-3

# アロー式を知る

前節で紹介した無名関数は、さらに省略した記述が可能です。それが、
アロー式です。

## 8-3-1
## アロー式を使ってみよう

　アロー式がどのようなものか、コードで確認していきます。リスト8-6を、アロー式を利用し
たものに改造したリスト8-7のuseAnonymousFunc3.tsファイルを作成してください。リスト
8-6との違いは、赤字の部分で、実行結果はリスト8-6と同じです。

**リスト8-7**　chap08/useAnonymousFunc3.ts

```
001  export{}
002
003  const numList = [45.112, 78.567, 66.891, 12.223, 28.341];
004  numList.forEach(
005      (currentValue: number, index: number, array: number[]) => {
006          const roundedElement = Math.round(currentValue);
007          console.log(`${index + 1}個目の要素${currentValue}の丸め処理後:
     ${roundedElement}`);
008      }
009  );
```

　リスト8-7の赤字の部分が**アロー式**です。なぜアローかというと、=> と矢印（アロー）記号を
使うからです。この記述方法は、**ラムダ式**ともいいます。構文は次のようになります。

●アロー式

> （引数名: 引数の型, …）: 戻り値の型 => {関数処理ブロック}

　先頭のfunctionキーワードを省略して、その代わりに、シグネチャと関数処理ブロックの間に =>
を記述します。

## 8-3-2
# アロー式の省略パターンを知ろう

アロー式は、場合によってはさらなる省略が可能です。ここでは、次の関数式で表される無名関数を題材にして、順に省略パターンを紹介していきます。

```
const func = function(radius: number): number {
    return radius * radius * 3.14;
}
```

### ・通常のアロー式

この無名関数を通常のアロー式に置き換えると次のコードになります。

```
const func = (radius: number): number => {
  return radius * radius * 3.14;
}
```

### ・関数ブロック内が1文の場合は{ }と改行を省略

{ }と改行を省略すると次のコードになります。

```
const func = (radius: number): number => radius * radius * 3.14;
```

> **note**
>
> ここでは、アロー式に変換する前の関数として戻り値のある関数を題材にしていますが、戻り値のない関数でも{ }は同様に省略できます。例えば、次のコードです。
>
> ```
> const func = (num: number): void => console.log(`引数は${num}です`);
> ```

### ・型宣言を省略

アロー式の場合は、引数や戻り値の型宣言も省略することが多いので、次のコードになります。

```
const func = (radius) => radius * radius * 3.14;
```

### ・引数の( )を省略

引数が1個の場合は、さらに( )を省略して、次のコードが可能です。

```
const func = radius => radius * radius * 3.14;
```

なお、ここでは引数がある関数を題材にしていますが、引数がない関数の場合、( )の省略は行えず、次のようなコードになります。

```
const func = () => 4 * 4* 3.14;
```

### ● まとめ ●

- 無名関数をさらに省略化した記述がアロー式。
- アロー式では、波かっこやreturn、型宣言、引数の( )が省略可能。

8

関数の応用的な機能を理解する

# 8-4

# 関数式をより深く知る

このChapterの最後に、もう一度関数式に話を戻し、もう少し関数式を掘り下げていきます。

## 8-4-1
## 関数を格納した変数のデータ型を学ぼう

8-2-2項で、関数そのものがひとつのデータとして扱え、変数に格納できるということを学びました。となると、ひとつ疑問が生じた方もいるかもしれません。それは、リスト8-3の❶の変数funcのデータ型は何かということです。TypeScriptは、全ての変数にデータ型ありますので、関数を格納したデータ型も例外ではありません。❶では、number型やstring型同様に、代入時に型推論が働くために、変数のデータ型を記述していません。しかし、これをあえて記述すると、次のコードとなります。

```
const func: (currentValue: number, index: number, array: number[]) => void =
showRoundedElement;
```

データ型の記述部分だけ取り出すと、次のコードになります。

```
(currentValue: number, index: number, array: number[]) => void
```

構文としてまとめると次のようになります。

● 関数式のデータ型

（引数名： 引数の型, …）=> 戻り値の型

なお、上記のコードでは、() 内のデータ型部分の引数名を、代入元の関数であるconcatNameWithSpace()の引数名と同一にしていますが、この引数名は何でもかまいません。例えば、次のように記述しても問題なく動作します。

```
const func: (cv: number, id: number, ar: number[]) => void = …
```

つまりは、代入元関数の引数定義と戻り値の型を => でつなげて記述すればよいということになります。とはいえ、先述のように、型推論が働くために、通常はこの記述は不要です。しかし、

この関数式のデータ型が活躍する場面も出てきます。これについては8-4-4項で紹介します。

### 8-4-2
# 関数式を実行してみよう

　ここまでのコールバック関数のサンプルは、関数を作成して引数として渡すものでした。では、引数として関数をもらった側、例えば、ArrayオブジェクトのforEach()メソッドでは、内部でどのようにしてその関数を実行しているのでしょうか。その種明かしに話を移していきます。

　そこで、いきなり、コールバック関数が引数の関数を作成するのではなく、関数式が実行できる仕組みを学んでいきましょう。まず、リスト8-8のexecFuncExpression.tsファイルを作成してください。

**リスト8-8** chap08/execFuncExpression.ts

```
001    export{}
002
003    const func =  function(lastName: string, firstName: string): string {  ┐
004        return `${lastName} ${firstName}`;                                    ├─❶
005    }  ─────────────────────────────────────────────────────────────────┘
006
007    const result = func("田中", "太郎");  ❷
008    console.log(result);  ❸
```

実行結果

```
> tsc execFuncExpression.ts
> node execFuncExpression.js


田中 太郎
```

　リスト8-8の❶は、8-2-4項の復習です。無名関数を定義し、変数funcに格納しています。関数内の処理は、2個の引数それぞれに姓と名を受け取り、半角スペースで結合した文字列を戻り値とするものです。繰り返しになりますが、この変数funcは関数そのものを指します。そして、funcのように関数を格納した変数は、それ自体が関数としての働きをし、❷のように、変数の次に（　）を記述することで、関数として処理が実行されます。もちろん、関数の働きはfuncが表す❶の無名関数ですので、引数も無名関数の定義に合わせて2個渡す必要があります。また、❶の無名関数は戻り値がある関数ですので、同じく、funcも戻り値を返します。❷では、それをresultとして受け取って、❸で表示させています。

### 8-4-3
# 関数が引数の関数を作ってみる

　ここで、リスト8-8の❷と❸を、さらにひとつの関数として定義し、funcを引数として受け取ることを考えます。この関数名をshowConcatNameとすると、リスト8-9のコードになります。

> **リスト8-9** chap08/execFuncExpression2.ts

```typescript
001  export{}
002
003  function showConcatName(f) {   ❶
004      const result = f("田中", "太郎");   ❷
005      console.log(result);
006  }
007
008  const func =  function(lastName: string, firstName: string): string {
009      return `${lastName} ${firstName}`;
010  }
011  showConcatName(func);   ❸
```

　リスト8-9の❶の関数showConcatName()の引数fがまさにコールバック関数であり、この引数fが関数そのものとなります。リスト8-8の❷と同様に、関数内では❷のように、引数名fに（　）を記述してその関数を実行できます。

　実行部分では、❸のように、このshowConcatName()関数を呼び出す時に、コールバック関数そのものを格納したfuncを渡しています（図8-6）。

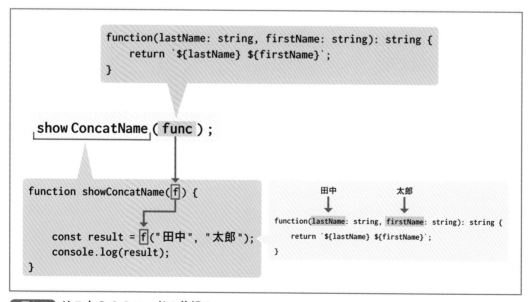

> **図8-6** リスト8-9のコードの仕組み

　❸のコードは、リスト8-5のforEach()に、funcを渡しているのと全く同じ構造です。

### 8-4-4
# 引数の関数のデータ型を記述する

　では、リスト8-9の関数showConcatName()の引数fのデータ型はどうなるのでしょうか。これは、リスト8-10のようになります。リスト8-9との違いは赤字の部分だけです。

**リスト8-10** chap08/execFuncExpression3.ts

```
001    export{}
002
003    function showConcatName(f: (lastName: string, firstName: string) => string) {
004        const result = f("田中", "太郎");
005        console.log(result);
006    }
007    〜省略〜
```

　リスト8-9では単にfと記述していたshowConcatName()の引数に、リスト8-10では赤字のようにデータ型記述が追記されました。そして、これこそ、まさに、8-4-1項で説明した関数式のデータ型そのものです。8-4-1項では、変数に関数を代入するため、そこで型推論が働き、データ型の記述が不要でした。一方、引数として記述する場合は、リスト8-10のようにその関数式のデータ型を記述しておく方が安全です。

　実際、関数内でfを実行する際、文字列型引数を2個渡し、戻り値を受け取っています。となると、このfがそのようなシグネチャに合致している必要があり、それ以外のシグネチャならエラーとなる可能性が多々あります。それを避けるために、引数の型として、関数式の型を記述しておく必要があります。

**8**

関数の応用的な機能を理解する

---

・ ま と め ・

- ⬡ 関数式にもデータ型があり、専用の記述を行う。
- ⬡ 関数が格納された変数は、( ) を記述することで、関数として実行できる。
- ⬡ コールバック関数のデータ型は、関数式のデータ型そのもの。

## 練 習 問 題

### 8-1 ··········································································································

**問1** 次の内容を含むshowVolumes.tsをchap08フォルダに作成しましょう。

関数として、calcVolume()を定義します。calcVolume()は数値型の引数を1個受け取った場合は、その値を一辺とする立方体の体積を計算して戻り値とします。一方、数値型の引数を3個受け取った場合は、それぞれを各辺とする直方体の体積を計算して返します。

**問2** 問1で作成したshowVolumes.tsに実行部分を追記しましょう。calcVolume()を、引数の値4で実行した結果を表示します。また、引数3個の値が4、5、6で実行した結果を表示します。実行結果例は次のとおりです。

実行結果

| |
|---|
| 一辺が4の立方体の体積: 64 |
| 各辺の長さが4、5、6の直方体の体積: 120 |

### 8-3 ··········································································································

**問3** 各要素が[1, 3, 5, 7, 9]の配列radiusListがあります。この配列に対してforEach()と無名関数を利用し、各要素を半径とした円の面積を表示させるshowCircleAreas.tsをchap08フォルダに作成しましょう。なお、円周率は3.14とします。実行結果例は次のとおりです。

実行結果

| |
|---|
| 半径1の円の面積: 3.14 |
| 半径3の円の面積: 28.26 |
| 半径5の円の面積: 78.5 |
| 半径7の円の面積: 153.86 |
| 半径9の円の面積: 254.34 |

**問4** 問3のshowCircleAreas.tsを、アロー式を利用したものに改造したshowCircleAreas2.tsをchap08フォルダに作成しましょう。

Chapter

9

# クラスの基本を
# 理解する

TypeScriptは、オブジェクト指向言語といわれています。このオブ
ジェクトという用語は、2-4-2項で紹介していますし、これまでも解
説中に出てきています。しかし、それは、導入に過ぎません。この
Chapterでいよいよ本格的に学んでいくことにします。

# 9-1

# クラスとは何かを知る

このChapterの導入で、オブジェクトを本格的に学んでいく、という話をしました。しかし、Chapterタイトルも、この節タイトルも、オブジェクトという用語は含まれていません。代わりにクラスという用語が使われています。では、このオブジェクトとクラスはどのような関係なのでしょうか。そこから話を始めていきます。

### 9-1-1
## クラスはオブジェクトの雛形である

クラスとオブジェクトの関係を学ぶにあたって、まず具体例から始めます。

ある生徒の名前と英数国の3教科の得点をまとめて管理することを考えてみます。

例えば、宮本太郎くんは、英数国の得点がそれぞれ78、82、85だとします。同様に、松下花子さんは、91、80、87だとします。このようにデータをまとめて管理する場合、（連想）配列を思い浮かべるかもしれません。しかし、この場合、配列は不適切です。というのは、配列は、あくまで同種のデータを管理するためのものです。例えば、ある学年の全生徒の英語の点数、という内容ならば、同種のデータですので配列でも問題ありません。しかし、名前と英数国の得点という4データはそれぞれが全く別種のものです。さらに、名前は文字列ですが、点数は数値であり、データ型もそれぞれ別です。このことからも、配列は避けるべきというのがわかります。

そこで、登場するのが、**オブジェクト**です。6-2-7項で紹介したように、次のようにオブジェクトリテラルを利用すると、まとめてデータを管理できます。

```
const taro =
{
    name: "宮本太郎",
    english: 78,
    :
}
```

これと同様のものを、松下花子さんのデータについて記述すれば、一応、データ管理は可能です。

2人だけならば、これでも問題ないかもしれませんが、人数が増えてきて、それこそ1学年分、あるいは全校分のデータ管理となると、様々な問題が起こってきます。

というのも、オブジェクトリテラルでは、全生徒が同じ情報を持っている保証がないのです。例えば、小林次郎くんのオブジェクトリテラルに対して、次のコードのように、突然歴史のプロパティが追加されていても、コード上問題とはなりません（図9-1）。

```
const jiro =
{
    name: "小林次郎",
    english: 83,
    :
    history: 68
}
```

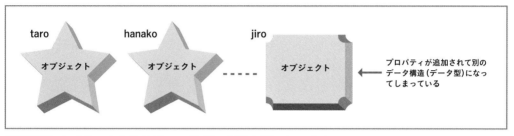

**図9-1** オブジェクトリテラルではデータ型を同一にできない

　全てのオブジェクトのデータ構造 (データ型) を同一にするためには、その雛形が必要になります。これが、**クラス**です (図9-2)。

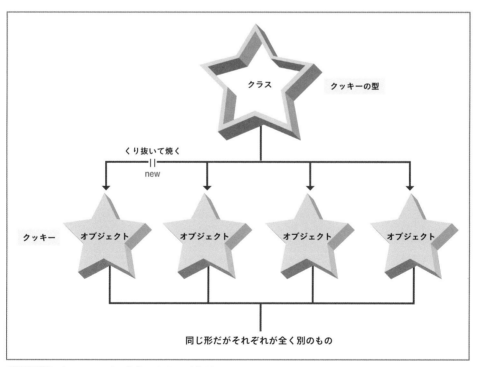

**図9-2** クラスはオブジェクトの雛形

　イメージとしては、**クラス**はクッキーの型であり、そのクッキーの型によってくり抜かれて焼かれたクッキーが**オブジェクト**です。クッキーは、全て同じ形をしているにもかかわらず、各々が全く別のものとして扱われます。

　それと同様に、クラスによって生成されたオブジェクトは、クラスと同一の型ではあるが、それぞれが全く別のもの、つまり、データ型は同じでも中には別のデータを格納できることを意味します。

　そして、このクッキーの型をもとにクッキーをくり抜いて焼くこと、すなわち、クラスをもとにオブジェクトの生成に使われるキーワードが **new** です。これについては、後述します。

## 9-1-2
# クラス宣言には class キーワードを使う

　実際にコードで見ていきましょう。Chapterが変わったので、このChapter用のフォルダとして、ITBasicTypeScriptフォルダ内にchap09フォルダを作成し、その中にuseClass.tsファイルを作成してください。

**リスト9-1** chap09/useClass.ts

```
001   export{}
002
003   class Student {
004       name: string = "";        ❷
005       english: number = 0;      ❸
006       math: number = 0;         ❹
007       japanese: number = 0;     ❺
008   }
009
010   const taro = new Student();   ❻
011   console.log(taro);            ❼
012   taro.name = "宮本太郎";
013   taro.english = 78;
014   taro.math = 82;
015   taro.japanese = 85;
016   console.log(taro);            ❾
017   const hanako = new Student(); ❿
018   hanako.name = "松下花子";
019   hanako.english = 91;
020   hanako.math = 80;
021   hanako.japanese = 87;
022   console.log(hanako);          ⓬
023   hanako.math = 82;             ⓭
024   console.log(hanako);          ⓮
```

❶（003〜008行目をまとめる）
❽（012〜015行目をまとめる）
⓫（018〜021行目をまとめる）

実行結果

```
> tsc useClass.ts
> node useClass.js

Student { name: '', english: 0, math: 0, japanese: 0 }   ❶
```

```
Student { name: '宮本太郎', english: 78, math: 82, japanese: 85 } ❷
Student { name: '松下花子', english: 91, math: 80, japanese: 87 } ❸
Student { name: '松下花子', english: 91, math: 82, japanese: 87 } ❹
```

　リスト9-1の❶の記述が、クラスを定義している部分です。クラスを定義する場合、次の手順で記述します（図9-3）。

①**クラス全体を{　}ブロックで囲む。**
②**ブロック全体の前にclassとクラス名を記述する。**
③**ブロック内に、プロパティを記述する。**

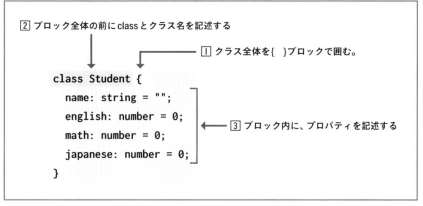

②ブロック全体の前にclassとクラス名を記述する

①クラス全体を{　}ブロックで囲む。

```
class Student {
    name: string = "";
    english: number = 0;
    math: number = 0;
    japanese: number = 0;
}
```

③ブロック内に、プロパティを記述する

**図9-3**　リスト9-1のクラス定義

　以下、順に説明していきます。
①**クラス全体を{　}ブロックで囲む。**
　リスト9-1の❷～❺がクラスに含まれるコードですので、これを{　}で囲んでいます。
②**ブロック全体の前にclassとクラス名を記述する。**
　リスト9-1の❶では、クラス名をStudentとしています。クラス名は大文字で始まるキャメル記法（アッパーキャメル記法）であれば、どのような名称でもかまいません。
③**ブロック内に、プロパティを記述する。**
　リスト9-1の❷～❺の記述が該当します。**プロパティ**というのは、そのクラスに含まれる変数であり、次の構文で記述します。

● クラスのプロパティ

プロパティ名: データ型 ＝ 初期値;

　リスト9-1で定義しているクラスStudentは、生徒の名前と英数国の得点を管理する雛形です。そのため、❷で生徒名を、❸で英語の得点、❹で数学の得点、❺で国語の得点を格納できるように、プロパティとして変数を用意しています。
　なお、このプロパティに関しては、通常の変数と違い、letやconstキーワードが不要なこと

に注意してください。

>  note
>
> プロパティは、その他の変数同様に、初期値から型推論が働きます。ということは、リスト9-1の❷～❺は、次のように記述しても問題ありません。
>
> ```
> class Student {
>     name = "";
>         :
> }
> ```
>
> とはいえ、クラスのプロパティ定義の場合は、通常の変数と違い、データ型を明示した方が可読性が向上し、安全です。そのため、本書ではデータ型を明示していくことにします。

### 9-1-3
## クラスを new するとオブジェクトが生成される

リスト9-1の❶でクラスが作成されました。それを利用してオブジェクトを生成するには、先述のように new キーワードを利用します。構文としては次のようになります。

● オブジェクトの生成

> オブジェクトを格納する変数 = new クラス名();

リスト9-1では、❻でStudentを new して、それを変数taroに格納しています。変数名からわかるように、これは、宮本太郎くんのデータを格納するオブジェクトです。

クラスを new すると、オブジェクトが生成されます。ただし、new した直後は、各プロパティの値は初期値のままです。それを確認するために、❼でオブジェクトをそのまま表示させています。表示結果は、実行結果の❶です。

> note
>
> 実行結果からもわかるように、console.log()でオブジェクトをそのまま表示させると、オブジェクトリテラル形式で表示されます。この表示形式からも、クラスを new したものが、オブジェクトであることが理解できるでしょう。

表示結果の各プロパティの値が、そのプロパティに対応するプロパティの初期値と一致します。その結果から、オブジェクト内部で保持しているデータが、初期値のままであることが理解できると同時に、クラスを new した時点ですでに、データ構造（データ型）が、クラスにより定義されていることが理解できるでしょう。

### 9-1-4
## クラスのプロパティへのアクセスはドットを使う

クラスをもとに生成されたオブジェクトも、これまで扱ってきたオブジェクト同様にプロパティへのアクセスには.（ドット）を使います。リスト9-1では、❽で生徒名と英数国の得点それ

ぞれのプロパティに値を格納しています。格納後に❾で同じくtaroを表示させており、その表示結果が実行結果の❷です。実行結果の❶と違い、初期値から格納した値に変化したことがわかります。

さらに、リスト9-1では、❿で松下花子さんのオブジェクトとして、新たにStudentをnewし、その変数hanakoに対して、⓫で各データを格納しています。そのhanakoを表示させている⓬の表示結果は、実行結果の❸です。taroを表示させた❷と全く同じデータ構造（データ型）にもかかわらず、データ内容は全く別のものとなっています（図9-4）。

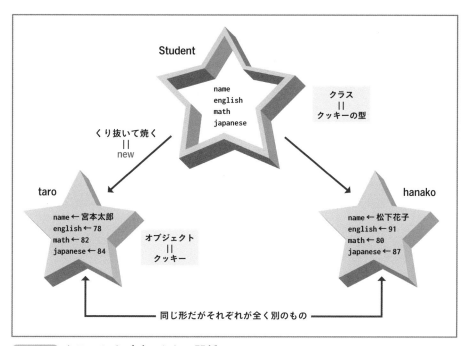

**図9-4** クラスとオブジェクトの関係

このように、クラスを利用することで、オブジェクトの型を同じものにできます。まさに、クッキーの型ですね。

なお、リスト9-1では、⓭で数学の点数だけ変更しています。このように、生成されたオブジェクトに対して、あるプロパティの値だけ変更するということも、もちろん可能です。⓮による表示結果である実行結果の❹からも、その結果が理解できるでしょう。

• ま と め •

◉ **クラスはオブジェクトの雛形である。**

◉ **クラスは、classキーワードとクラス名を記述し、{ }ブロック内にプロパティ定義を記述する。**

◉ **クラスをnewすると、そのクラスと同じデータ構造のオブジェクトが生成される。**

◉ **プロパティ定義をもとにオブジェクトのプロパティが作られる。**

◉ **プロパティへのアクセスはドットを使う。**

## 9-2 クラスの基本形を知る

クラスがオブジェクトの雛形であることが理解できたところで、もう少しクラス、および、オブジェクトの話を進めていきます。

### 9-2-1
### クラスを型指定として使ってみる

ここで、このStudentクラスを使って、各生徒の英数国の合計得点を表示させることを考えます。これまで学んだことを活用するとなると、この合計得点を計算する関数を作成して、それを利用することを思いつくかもしれません。その関数は、例えば、次のようなコードになるでしょう。

```
function showScoresSum(name: string, english: number, math: number, japanese: number) {
    const sum = english + math + japanese;
    console.log(`${name}の合計得点: ${sum}`);
}
```

この関数は、生徒名と英数国の各得点をバラバラに引数として渡しています。クラスとオブジェクトを導入すると、この引数をオブジェクトとしてまとめることができ、関数定義を簡潔に記述できるようになります。実際にコーディングしてみましょう。リスト9-1のuseClass.tsをそのように改造したリスト9-2のuseClass2.tsファイルを作成してください。リスト9-1からの変更部分は、リスト9-1の❼、❾、⓬、⓭、⓮を削除した上で、赤字の部分を追記しています。なお、Studentクラス内のコードは、リスト9-1と同一ですので省略しています。

**リスト9-2** chap09/useClass2.ts

```
001  export{}
002
003  class Student {
004      ～省略～
005  }
006
007  function showScoresSum(student: Student) {  ❶
008      const sum = student.english + student.math + student.japanese;  ❷
009      console.log(`${student.name}の合計得点: ${sum}`);
010  }
```

```
011
012    const taro = new Student();
013    taro.name = "宮本太郎";
014    taro.english = 78;
015    taro.math = 82;
016    taro.japanese = 85;
017    showScoresSum(taro);    ❸
018    const hanako = new Student();
019    hanako.name = "松下花子";
020    hanako.english = 91;
021    hanako.math = 80;
022    hanako.japanese = 87;
023    showScoresSum(hanako);    ❹
```

実行結果

```
> tsc useClass.ts
> node useClass.js


宮本太郎の合計得点: 245
松下花子の合計得点: 258
```

**9**

クラスの基本を理解する

　リスト9-2で注目すべきは、❶の関数定義の引数studentのデータ型です。Studentとクラス型になっています。このように引数のデータ型をクラス型にしておくと、Studentクラスをnewして生成したオブジェクトを引数として渡すことができ、❸や❹のように、オブジェクト内のデータをまとめて渡すことができます（図9-5）。

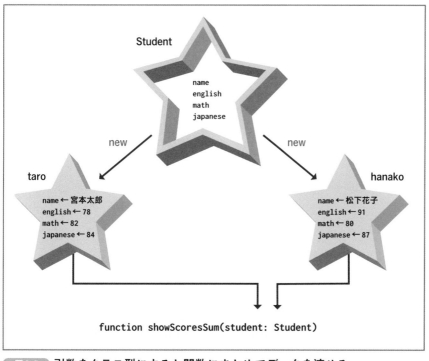

**図9-5　引数をクラス型にすると関数にまとめてデータを渡せる**

　関数内で引数のプロパティにアクセスする場合は、❷のように、通常のオブジェクトと同様に、ドット（.）アクセスを利用します。

## 9-2-2
# クラスには処理を含めることができる

　クラスを導入すると、種類の違うデータをまとめて扱うことができ、さらに関数の引数をクラス型にすることで、データをまとめてやり取りできます。しかし、いくらデータをオブジェクトとしてまとめられるといっても、そのオブジェクトを関数に引き渡すためのコードを、実行部分で別途用意しなければなりません（図9-6）。

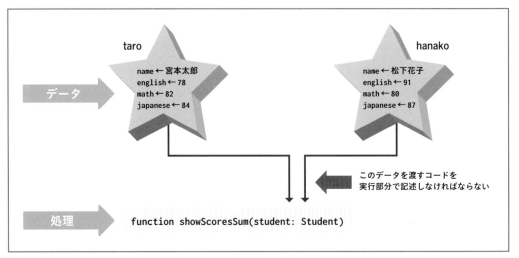

**図9-6　データを処理に引き渡すコードは実行部分で用意**

　実は、クラスには、もう一段便利な仕組みがあります。関数として記述していた処理部分を、クラス（オブジェクト）内部に含めることができます（図9-7）。

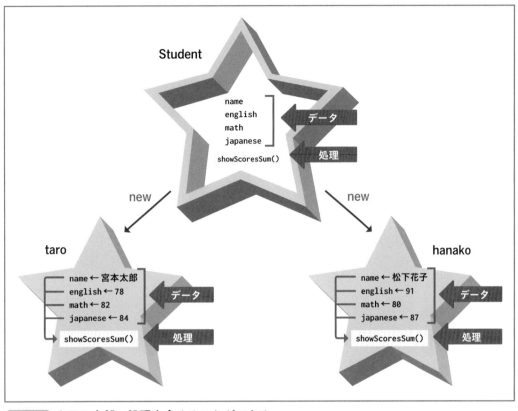

**図9-7** クラス内部に処理を含めることができる

　ある意味、関数がクラス内部に含まれるようなイメージですが、クラス内部に含まれた時点で名称が変わり、**メソッド**となります。

　実際にコーディングしてみましょう。リスト9-2のuseClass2.tsをそのように改造したリスト9-3のuseClass3.tsファイルを作成してください。リスト9-2からの変更部分は、関数showScoresSum()を削除した上で、赤字の部分を追記、変更しています。

**リスト9-3** chap09/useClass3.ts

```
001   export{}
002
003   class Student {
004       〜省略〜
005       japanese: number = 0;
006
007       showScoresSum() {  ❶
008           const sum = this.english + this.math + this.japanese;  ❷
009           console.log(`${this.name}の合計得点: ${sum}`);
010       }
011   }
012
013   const taro = new Student();
014   〜省略〜
```

```
015    taro.japanese = 85;
016    taro.showScoresSum();    ❸
017    const hanako = new Student();
018    ～省略～
019    hanako.japanese = 87;
020    hanako.showScoresSum();    ❹
```

　実行結果はリスト9-2と同じです。

　リスト9-3の❶がメソッドを定義している部分です。基本的な構文は関数定義と同じですが、functionキーワードが不要です。メソッド名の命名規則も関数と同じです。リスト9-3では、引数も戻り値も不要ですが、関数同様に引数や戻り値を加えてもかまいません。

　では、リスト9-2の関数showScoresSum()では必要だった引数が、なぜクラス内部のメソッドでは不要かというと、クラス内部のプロパティの値を自由に利用できるからです（図9-8）。

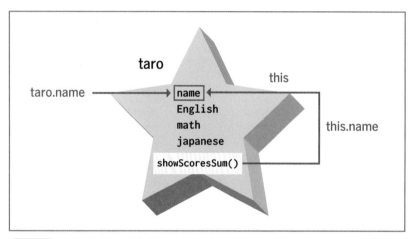

**図9-8　クラス内部のメソッドからプロパティに自由にアクセスできる**

　内部のプロパティを自由に利用できるため、外部からデータをもらう必要がなくなります。ただし、注意しなければならないのは、内部のプロパティを指定する場合は、リスト9-3の❷のように、自分自身を表すthisを利用します。

　例えば、宮本太郎くん用のStudentオブジェクトは、変数taroとして格納しているので、オブジェクトの外部から見たオブジェクト全体はtaroであり、プロパティへのアクセスは、taro.nameのようになります。松下花子さん用のhanakoも同様です。一方、クラス（オブジェクト）内部からはthisです。そのため、各プロパティへのアクセスは、this.nameのような記述になります。

> note
>
> リスト9-3で定義したメソッドは、showScoresSum()のみですが、もちろんひとつのクラスに複数のメソッドを定義できます。

　このようにして定義したメソッドを利用する場合も、プロパティと同様にドットアクセスとな

ります。リスト9-3では、❸や❹が該当し、❸のようにtaroオブジェクトのshowScoresSum()
を実行することで、taro内部のデータで処理が行われます。❹のhanakoも同様です。

　これで、クラスの基本形が整ったことになるので、構文としてまとめておきましょう。

● クラス

```
class クラス名 {
    プロパティ名: データ型 = 初期値;
        :
    メソッド名(引数名: 引数のデータ型, …): 戻り値の型 {
        処理
    }
        :
}
```

このプロパティとメソッドの両方を合わせて、クラスのメンバといいます。

> note
>
> 6-3節でMapを紹介しました。その際、Mapをnewしていたのは、まさにここで紹介して
> きたオブジェクトの生成を意味します。そして、生成されたオブジェクトに対してset()や
> get()をドットで繋いで記述していました。これこそまさに、ここで紹介したメソッドです。

● ま と め ●

- ◉ クラスには処理を含めることができ、これをメソッドという。
- ◉ メソッドの定義方法は関数と同じだが、functionキーワードは不要。
- ◉ プロパティとメソッドを合わせて、クラスメンバという。
- ◉ クラス内部で他のメンバを参照する場合は、this.を使う。

# 9-3

# クラスの他のメンバを知る

前節で、クラスには、プロパティとメソッドというメンバがあることを学びました。他にも、特殊なメソッドといえるメンバがあります。本節ではそれらを紹介していきましょう。

### 9-3-1
## newの時に実行されるコンストラクタ

リスト9-3までのサンプルでは、newしたStudentオブジェクトにデータを格納するために、4行必要でした。しかも、1行でも記述し忘れると、正しくデータが格納されていないプロパティが存在することになります。例えば、宮本太郎くんの名前と英語の点を格納し忘れた実行結果は、次のようになってしまいます。

実行結果

| |
|---|
| の合計得点：167 |
| 松下花子の合計得点：258 |

データが正しく格納されていないのですから、これは当然です。もちろん、初期値があるので、合計の計算はできるため、エラーにはなりませんが、明らかにバグといえます。

このバグを避けるためには、プロパティに格納するデータを確実に受け取る必要があり、そのタイミングとして一番適切なのが、オブジェクトの生成時、つまり、newのタイミングです。

このクラスがnewされるタイミングでだけ実行される特殊なメソッドがあり、それを**コンストラクタ**といいます。そして、コンストラクタをクラス内に定義し、そのコンストラクタに引数を設定しておくと、new時には引数を渡す必要が出てきます。

実際にコーディングしながら、その仕組みを理解していきましょう。リスト9-3を改造したリスト9-4のuseConstructor.tsファイルを作成してください。リスト9-3からの変更部分は、赤字の部分の追記です。なお、リスト9-4では、複数メソッドが記述できる例として、❸で平均点を表示するメソッドも追記しています。

リスト9-4　chap09/useConstructor.ts

```
001    export{}
002
003    class Student {
```

```
004        〜省略〜
005        japanese: number = 0;
006
007        constructor(name: string, english: number, math: number, japanese: number) {  ❶
008            this.name = name;
009            this.english = english;                      ❷
010            this.math = math;
011            this.japanese = japanese;
012        }
013
014        showScoresSum() {
015            〜省略〜
016        }
017
018        showScoresAvg() {
019            const sum = this.english + this.math + this.japanese;
020            const avg = Math.round(sum / 3 * 10) / 10;   ❹        ❸
021            console.log(`${this.name}の平均点: ${avg}`);
022        }
023    }
024
025    const taro = new Student("宮本太郎", 78, 82, 85);  ❺
026    taro.showScoresSum();
027    taro.showScoresAvg();
```

実行結果

```
> tsc useClass.ts
> node useClass.js


宮本太郎の合計得点: 245
宮本太郎の平均点: 81.7
```

> **note**
>
> リスト9-4の❹について、補足しておきます。TypeScript（JavaScript）の四捨五入メソッ
> ドであるMath.round()は、どんな小数でも、整数に四捨五入を行ってしまいます。もし小
> 数点以下2桁目を四捨五入して、小数点以下1桁の小数に四捨五入したい場合、リスト9-4
> の❹のように、元の値を一度10倍した上で四捨五入を行い、もう一度1/10にするという方
> 法で計算します。

リスト9-4の❶がコンストラクタです。通常のメソッドの場合、メソッド名は自由に命名でき
ましたが、コンストラクタは**constructor**と決まっています。コンストラクタには、戻り値は設
定できません。一方、引数は自由に設定でき、リスト9-4の❶では、プロパティにまとめてデー

タを格納するため、プロパティと同名で同じ型の引数を、プロパティと同じ数だけ定義しています。コンストラクタ内の処理ブロックでは、❷のように、各プロパティに値を格納する処理を記述しています。つまり、このStudentクラスをnewしたまさにその時に、引数として渡されたデータがまとめてプロパティに格納される処理が実行される仕組みとなるのです。

そして、コンストラクタに引数が設定されている場合、そのクラスをnewする際には必ず引数を渡す必要が出てきます。それが、リスト9-4の❺の（　）内の記述です。もし、これを、リスト9-3のnew時のように、引数を渡し忘れると、図9-9のようにエラーとなります。

```
22        const sum = this.english + this.math + this.japanese;
23        const  constructor Student(name: string, english: number, math: number, japanese: number):
24        conso  Student
25                4 個の引数が必要ですが、0 個指定されました。 ts(2554)
26    }
27  }          useConstructor.ts(9, 14): 'name' の引数が指定されていません。
28             問題の表示 (Alt+F8)    利用できるクイックフィックスはありません
29  const taro = new Student();
```

**図9-9**　new時に引数を渡し忘れるとエラーとなる

エラーになるということは、逆に、データの渡し忘れを防ぐことになり、安全です。

> **note**
>
> コンストラクタの引数とプロパティが同一内容の場合、コンストラクタの引数をプロパティ宣言の代わりにする記述が可能です。これを、**パラメータプロパティ**といいます。例えば、リスト9-4では、次のようなコードで代用できます。
>
> ```
> class Student {
>     constructor(public name: string, public english: number, public math:
> number, public japanese: number) {
>     }
>     :
> }
> ```
>
> この場合、上記のようにプロパティ宣言とコンストラクタの処理ブロック内の記述が不要となります。ただし、各引数に9-3-4項で紹介するアクセス修飾子を必ず記述する必要があります。

### 9-3-2
### ゲッタを使ってみる

リスト9-4のStudentクラスは、得点の合計値を表示するメソッドはありますが、合計値そのものを取得することはできません。もちろん、そのようなメソッドとして、次のgetTotal()のようなものを作成してもかまいません。

```
getTotal(): number {
    return this.english + this.math + this.japanese;
}
```

実行部分では、例えば、次のコードとして利用できます。

```
taro.getTotal()
```

一方、クラス構文にはもっと便利なゲッタ（**Getter**）というものがあります。それを使って、合計値を実行部で取得して表示する処理を追加するように、リスト9-4を改造してみましょう。これは、リスト9-5のuseGetter.tsのようになります。このファイルを作成してください。なお、リスト9-4からの変更部分は、赤字の部分です。

**リスト9-5** chap09/useGetter.ts

```
001  export{}
002
003  class Student {
004      〜省略〜
005      japanese: number = 0;
006
007      constructor(name: string, english: number, math: number, japanese: number) {
008          〜省略〜
009      }
010
011      showScoresSum() {
012          console.log(`${this.name}の合計得点: ${this.total}`);   ❶
013      }
014
015      showScoresAvg() {
016          const avg = Math.round(this.total / 3 * 10) / 10;   ❷
017          console.log(`${this.name}の平均点: ${avg}`);
018
019      }
020
021      get total(): number {
022          return this.english + this.math + this.japanese;   ❸
023      }
024  }
025
026  const taro = new Student("宮本太郎", 78, 82, 85);
027  taro.showScoresSum();
028  taro.showScoresAvg();
029  console.log(`合計値: ${taro.total}`);   ❹
```

なお、このuseGetter.tsをコンパイルする際、6-3-1項で紹介したtargetオプションをES5とする必要があるので、注意してください。

実行結果

```
> tsc --target ES5 useGetter.ts
> node useGetter.js


宮本太郎の合計得点: 245
宮本太郎の平均点: 81.7
合計値: 245
```

リスト9-5の❸がゲッタです。構文としてまとめると次のようになります。

● ゲッタ

```
get プロパティ名(): データ型 {
    :
    return 値;
}
```

リスト9-5の❸では、プロパティ名としてtotalを記述しています。このようにしておくと、このクラスのオブジェクトを利用する場合、リスト9-5の❹のように、さもプロパティへのアクセスのように記述できます。

ただし、内部的にはあくまでメソッドのように処理した結果を返しているだけに過ぎません。つまりは、擬似プロパティといえます。そのため、このtotalに値を代入しようとすると、図9-10のようにエラーとなるので注意してください。

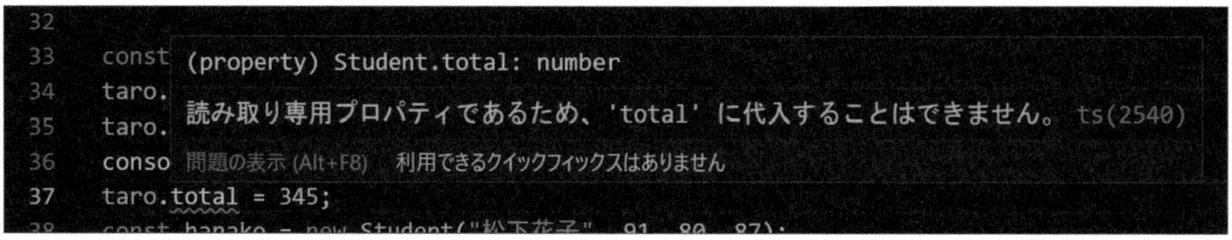

```
32
33   const   (property) Student.total: number
34   taro.   読み取り専用プロパティであるため、'total' に代入することはできません。 ts(2540)
35   taro.
36   conso   問題の表示 (Alt+F8)   利用できるクイックフィックスはありません
37   taro.total = 345;
38   const hanako = new Student("松下花子", 91, 80, 87);
```

図9-10　ゲッタのプロパティに値を代入しようとするとエラーとなる

ここで、リスト9-5の❶と❷について補足しておきましょう。各得点の合計値を計算した結果を取得できるtotalプロパティは、クラス内部でも利用できます。そのため、合計値を表示するメソッドshowScoresSum()内では、わざわざ合計値の計算を行う必要がなくなり、❶の赤字の部分のように、単にプロパティを表示させればよいようになります。

❷の平均値の計算でも、同様にプロパティが利用できるようになります。

9-3-3
# セッタを使ってみる

ゲッタとは逆に、プロパティに値を設定する仕組みとして**セッタ**（**Setter**）というものもあります。構文は、次のようになります。

● セッタ

```
set プロパティ名（引数: データ型）{
    プロパティに値をセットする処理
}
```

ゲッタと似た構文ですが、値をセットするという役割上、引数が必要である一方で、戻り値は不要です。

このゲッタとセッタを合わせて、**アクセサ**（**Accessor**）といいます。

例えば、Studentクラスでは、点数を保持するプロパティがありますが、そもそも点数である限りは、負数になることはありません。もし、プロパティに負数が代入されることを防ごうとするなら、そこに処理を含めないといけません。そのような場合に、セッタを利用すると、処理を介してプロパティに値をセットすることができます。実際にコーディングしてみましょう。リスト9-6のuseSetters.tsファイルを作成してください。なお、useSetters.ts中のStudentクラス中のコードは、リスト9-5のStudentクラスとほぼ同じです。必要に応じて、useGetter.tsファイル内のコードをコピー＆ペーストしてもかまいません。

**リスト9-6** chap09/useSetters.ts

```
001  export{}
002
003  class Student {
004      _name: string = "";
005      _english: number = 0;
006      _math: number = 0;
007      _japanese: number = 0;
008
009      constructor(name: string, english: number, math: number, japanese: number) {
010          this._name = name;
011          this._english = english;
012          this._math = math;
013          this._japanese = japanese;
014      }
015
016      showScoresSum() {
017          const sum = this._english + this._math + this._japanese;
018          console.log(`${this._name}の合計得点: ${sum}`);
019      }
```

❶

9

クラスの基本を理解する

```
020
021        set english(value: number) {
022            if(value < 0) {
023                value = 0;
024            }
025            this._english = value;    ❹
026        }
027    }
028
029    const taro = new Student("宮本太郎", 78, 82, 85);
030    taro.showScoresSum();
031    taro.english = -20;    ❺
032    console.log(taro);
```

useSetters.ts も、コンパイルの際に、targetオプションが必要ですので、注意してください。

実行結果

```
> tsc --target ES5 useSetters.ts
> node useSetters.js


宮本太郎の合計得点: 245
Student { _name: '宮本太郎', _english: 0, _math: 82, _japanese: 85 }
```

　リスト9-6の❷がセッタです。先の構文と見比べると、プロパティ名をenglishとしているので、リスト9-6の❺のように、単に.englishとするだけで❷のセッタが実行されます。その際、イコールの右辺の値が引数として渡されます。リスト9-6の❺では-20ですので、引数のvalueの値が-20となります。その場合、❸のifブロックの処理が実行されて、valueは0にリセットされます。結果、❹でプロパティの値が0となります。実行結果を見ると、そのような処理になっていることがわかります。このようにセッタを利用すると、プロパティに値を直接格納しているように見えて、その際に処理を割り込ませることが可能となります。

　ただし、ひとつ注意点があります。このようなアクセサを利用する場合、実際のプロパティ名と、セッタやゲッタのプロパティ名を同一にできないというルールがあります。そこで、リスト9-6の❶のように、プロパティ名には常にアンダースコア（_）を付与して、実際のプロパティ名とアクセサ用の見かけのプロパティ名を区別します。これを同じenglishとすると、図9-11のようなエラーとなるので注意してください。

```
15
16          show      (property) Student.english: number
17
18                    識別子 'english' が重複しています。 ts(2300)  ・_
19          }         識別子 'english' が重複しています。 ts(2300)  );
20                    問題の表示 (Alt+F8)    利用できるクイックフィックスはありません
21    set english(value: number) {
22          if(value < 0) {
23                value = 0;
24          }
25          this.english = value;
26    }
```

**図9-11** プロパティと同一名称のアクセサプロパティはエラーとなる

### 9-3-4
# privateメンバを定義してみる ・・・・・・・・・・・・・・・・・・・・

　リスト9-6では、サンプルとして英語の点数のみ、セッタを設定しました。これを、他の数学と国語の点数に対しても設定することで、英数国全ての点数に負数が設定されないようになります。それでも、まだ問題が残ります。というのは、次のコードのように、セッタプロパティを介さずに、直接プロパティに値を代入できてしまうからです。

```
taro._english = -20;
```

　そのようなときに便利な仕組みとして、クラスのメンバをクラス外部から参照できないようにすることができます。実際にコードで見ていきましょう。リスト9-6のuseSetters.tsをファイルごとコピー&ペーストし、ファイル名をusePrivate.tsとしてください。その上で、リスト9-7の赤字の部分のみ変更してください。その他の部分はリスト9-6と同一ですので、省略しています。

**リスト9-7** chap09/usePrivate.ts

```
001  export{}
002
003  class Student {
004      private _name: string = "";
005      private _english: number = 0;
006      private _math: number = 0;
007      private _japanese: number = 0;
008
009      ～省略～
010  }
011
012  const taro = new Student("宮本太郎", 78, 82, 85);
013  ～省略～
```

　実行結果もリスト9-6と同じです。コンパイルの際にtargetオプションの指定を忘れないでください。

　リスト9-7で追記された**private**キーワードが、その言葉通りにメンバをクラス内からしか参照できないようにする仕組みです。こうすることで、例えば、次のコードのようにprivateメンバにアクセスしようとすると、図9-12のようにエラーとなります。

```
taro._english = -20;
```

```
28              (property) Student._english: number
29    const     プロパティ '_english' はプライベートで、クラス 'Student' 内でのみアクセスできます。
30    taro.     ts(2341)
31    taro.
32    conso    問題の表示 (Alt+F8)    利用できるクイックフィックスはありません
33    taro._english = -20;
```

**図9-12**　privateメンバにアクセスしようとするとエラーとなる

　なお、これまでのメンバのように、クラス外からアクセスできるメンバのことを、**public**メンバといいます。このpublicキーワードをメンバに付与してもかまいませんが、何も記述しなくてもpublicとなるので、通常は記述しません。また、publicやprivateのように、メンバへのアクセスを制御するキーワードを、まとめて**アクセス修飾子**といいます。

> **note**
>
> オブジェクト指向言語のコーディングパターンのひとつとして、クラスプロパティは全てprivateとし、代わりにセッタとゲッタを用意する、というものがあります。この手法を、**カプセル化**といいます。クラス内のデータ部分をカプセル内に閉じ込めるイメージで、Javaなどではよく使われる手法です。
> 一方、TypeScriptでは、先のセッタのように、プロパティに値をセットする前に、値のチェックなどの処理を割り込ませる必要がないならば、わざわざprivateプロパティ+セッタを用意せずに、publicプロパティでよい、というコーディングパターンを採用するのが通常です。これは、TypeScriptの元となるJavaScriptには、もともとprivateの仕組みがなかったからです。

### 9-3-5
## メソッドを関数化するstaticを学ぼう ･･････････

　本節の最後に紹介するのは、**static**メソッドです。これは、例えば、次のようなコードです。

**リスト9-8**　chap09/useStaticMethod.ts

```
001    class Radius {
002        static showCircumference(radius: number) {
003            const circumference = 2 * 3.14 * radius;
004            console.log(`半径${radius}の円周の長さ: ${circumference}`);
005        }
006    }
```

注目すべきは赤字の部分であり、showCircumference()メソッドにstaticが付記されています。このような記述のメソッドを**staticメソッド**、あるいは、**静的メソッド**といいます。

このstaticメソッドについては、その作り方よりも使い方をまず理解してください。それは、そのクラスをnewしなくても呼び出せるということです。これまで、クラスのメソッドを利用する場合、次のコードのようにクラスをnewしてオブジェクトを生成し、そのオブジェクトに対してメソッドを呼び出していました。

```
const r = new Radius();
r.showCircumference(5);
```

一方、staticメソッドは、オブジェクトを生成することなく、次のコードのようにクラス名に続けて直接メソッドを呼び出すことができます。

```
Radius.showCircumference(5);
```

これは、つまり、関数化されたメソッドと思えばわかりやすいでしょう。その代わり、メソッド内で、通常のプロパティへのアクセスはできなくなるので、注意してください。

> note
>
> このstaticメソッドを学ぶと、それならば関数でいいではないか、という疑問が湧いてきます。もちろんその考えは一理ありますが、一方で、複数の関連する関数をクラスとしてグループ化できるというメリットがあります。例えば、これまで利用してきたMath.round()やMath.random()は、実は、Mathクラスに定義されたstaticメソッドに他なりません。数値計算関係の関数類をstaticメソッド化し、Mathクラス内にまとめておくことで、このように利用しやすい形にできます。staticメソッドにはこのような利点があります。

● まとめ ●

- ◉ クラスが**new**される時に実行される特殊なメソッドがコンストラクタ。
- ◉ コンストラクタのメソッド名は**constructor()**と決められている。
- ◉ 加工された値を返す擬似プロパティを定義でき、そのメソッドをゲッタという。
- ◉ プロパティに値を格納する際に処理を割り込ませることができるメソッドを、セッタという。
- ◉ セッタとゲッタを合わせてアクセサという。
- ◉ クラスメンバに**private**修飾子を付記すると、クラス外部からアクセスできなくなる。
- ◉ メソッドに**static**キーワードを付記すると、メソッドが関数化し、クラスを**new**しなくても利用できる。

## 練 習 問 題

**9-1** ......................................................

**問1** BMIを計算するクラスを作成していきます。まず、肥満度の測定者の名前、身長（cm）、体重（kg）をプロパティとするクラスBodyMassが定義された、showBMI.tsファイルをchap09フォルダに作成しましょう。プロパティ名は、名前がname、身長がheight、体重がweightとします。

**9-2** ......................................................

**問2** showBMI.tsファイルのBodyMassクラスにコンストラクタを定義し、各プロパティの値を引数として受け取って、プロパティに格納する処理を追記しましょう。

**9-3** ......................................................

**問3** BMI値を計算して名前付きで表示するメソッドとしてshowBMI()をshowBMI.tsファイルのBodyMassクラスに追記しましょう。BMI値は次の計算式で求めることができます。

体重（kg）÷身長（m）$^2$

計算結果は、小数点以下2桁目を四捨五入し、小数点以下1桁の小数で表示させましょう。なお、プロパティの身長の単位は、cmなのに注意してください。

**問4** showBMI.tsファイルに、実行部として、名前が中谷和弘、体重が68.4、身長が171.4の人のBMI値を表示させるコードを追記しましょう。実行結果例は次のとおりです。

実行結果

中谷和弘さんのBMI値: 23.3

**9-4** ......................................................

**問5** 理想体重を名前付きで表示するメソッドとしてshowIdealWeight()をshowBMI.tsファイルのBodyMassクラスに追記しましょう。さらに、中谷さんの理想体重を表示させるコードを実行部に追記しましょう。なお、理想体重の計算は、BMI値を22とした次の計算式で求めることができます。

22×身長（m）$^2$

計算結果は、小数点以下1桁目を四捨五入し、整数で表示させましょう。なお、プロパティの身長の単位はcmである点に注意してください。実行結果例は次のとおりです。

実行結果

中谷和弘さんのBMI値: 23.3
中谷和弘さんの理想体重: 65kg

Chapter

**10**

# クラスの応用的な機能を
# 理解する

Chapter9でオブジェクトの雛形としてのクラスを学びました。この
Chapterでは、そのクラスの応用編として、クラスを拡張する方法
や、より汎用的にデータ型を定義する方法を学びます。

# クラスの継承を知る

オブジェクト指向言語には、既存のクラスを簡単に拡張できる仕組みとして、継承があります。TypeScriptにも、もちろんこの仕組みがあります。このChapterの最初に、この継承から話を始めていきましょう。

## 10-1-1
## 継承構文を学ぼう

継承というのは、あるクラスのメンバをそっくりそのまま自分のクラスの中に含めることができる機能です。例えば、クラスAがあり、クラスBがそのクラスを継承したとすると、クラスB内には一切コードを記述しなくても、クラスAのメンバ（プロパティやメソッド）が含まれており、クラス外からは、あたかもクラスBのメンバのように利用できる仕組みです。（図10-1）。

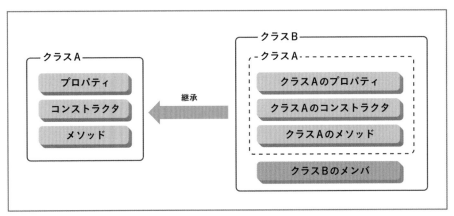

**図10-1**　継承はあるクラスを丸ごと含んだ新しいクラスを作ること

もっとも、概説するよりも、まず、簡単なサンプルコードを見ながら具体的に話を進めた方が理解しやすいです。そこで、早速コーディングしていきましょう。

Chapterが変わったので、このChapter用のフォルダとして、ITBasicTypeScriptフォルダ内にchap10フォルダを作成し、その中にuseExtends.tsファイルを作成してください。

**リスト10-1**　chap10/useExtends.ts

```
001  export{}
002
```

```
003   class Greetings {  ❶
004       // 名前のプロパティ。
005       name: string = "";  ❷
006
007       // コンストラクタ。名前を受け取りプロパティに格納する。
008       constructor(name: string) {
009           this.name = name;
010       }
011
012       //「こんにちは」と表示するメソッド。
013       sayHello() {
014           console.log(`${this.name}さん、こんにちは。`)
015       }
016   }
017
018   class GoodMorning extends Greetings {  ❸
019       sayGoodMorning() {  ❹
020           console.log(`${this.name}さん、おはようございます`);  ❺
021       }
022   }
023
024   const taro = new GoodMorning("江口太郎");  ❻
025   taro.sayGoodMorning();  ❼
026   taro.sayHello();  ❽
```

実行結果

```
> tsc useExtends.ts
> node useExtends.js


江口太郎さん、おはようございます
江口太郎さん、こんにちは。
```

　リスト10-1では、クラスを2個定義しています。❶で定義しているGreetingsクラスに関しては、特に新しいことは何もありません。コード内のコメントを頼りにすると、内容が理解できるでしょう。

　ここでのポイントは、❸のGoodMorningクラスです。❶のGreetingsクラスとは違い、クラス名を記述しているGoodMorningの続きにextends Greetingsが続いています。このextendsが継承を表すキーワードです。構文としてまとめると次のようになります。

● 継承

```
class 子クラス名 extends 親クラス名 {…}
```

この構文にもあるように、extendsの左右のクラス、すなわち、左側のこれから定義するクラスと、extendsの右側に記述されたクラスの間に、親子関係が成立します。リスト10-1では、GoodMorningクラスは子クラス、Greetingsが親クラスという呼び方をします。

## 10-1-2
## 継承関係の仕組みを学ぼう

では、親子関係とは、具体的にどのような仕組みになるのでしょうか。

一番わかりやすいのは、リスト10-1の❽でしょう。❻でGoodMorningクラスをnewし、そのオブジェクトをtaroとしています。そのtaroに対して、❼でsayGoodMorning()メソッドを呼び出しています。こちらは、リスト10-1の❸で定義しているので、呼び出せることは理解できるでしょう。一方、❽のsayHello()メソッドはGoodMorningクラスには定義されていません。本来、クラス定義に記述されていないメンバを呼び出せば、エラーとなります。図10-2は、試しに存在しないcalc()メソッドを呼び出してエラーとなっている画面です。

```
21      }
22    }          any
23   const
24   taro.    プロパティ 'calc' は型 'GoodMorning' に存在しません。 ts(2339)
25   taro.    問題の表示 (Alt+F8)    クイック フィックス... (Ctrl+.)
26   taro.calc();
27
```

**図10-2　存在しないメンバを呼び出すとエラーとなる**

note

> 図10-2のエラー文面は、「プロパティ…は…存在しません」となっています。メソッドを呼び出しているのにプロパティという記載に疑問を持った方もいるかもしれません。TypeScriptの元となるJavaScriptでは、実はプロパティもメソッドも、等しくオブジェクトのプロパティのひとつとして扱われています。このエラー文面はそれを物語っています。

ところが、sayHello()はエラーとなりません。これが継承の種明かしです。GoodMorningクラスと親クラスであるGreetingsクラスの関係を図にすると、図10-3のようになり、子クラスは、親クラスのメンバをそのまま含むことになります。

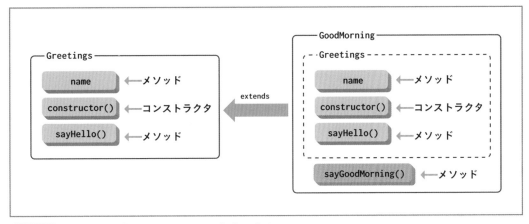

**図10-3** 子クラスは親クラスのメンバを全て含む

　この図からもわかるように、GoodMorningクラスには、メンバとしてsayGoodMorning()メソッドしか定義していないにもかかわらず、親クラスのメンバであるnameプロパティ、コンストラクタ、sayHello()メソッドが含まれていることになります。そのため、GoodMorningクラスをnewしたオブジェクトには、これらのメンバが全て含まれることになり、結果、❽でsayHello()を呼び出してもエラーにはなりません。

　同様に、コンストラクタに引数が設定されているため、❻のnew時に引数を渡す必要があります。これを渡し忘れると、図10-4のようにエラーとなるので注意してください。

```
18    class GoodMorning extends Greetings {
19        sayGoodMo  1 個の引数が必要ですが、0 個指定されました。 ts(2554)
20            conso
21        }            useExtends.ts(8, 14): 'name' の引数が指定されていません。
22    }                問題の表示 (Alt+F8)    利用できるクイックフィックスはありません
23    const taro = new GoodMorning();
```

**図10-4** 親クラスのコンストラクタに引数があるのでnew時に引数が必要

　このように、継承を利用してクラス定義を行っていくと、差分のコーディングだけで済むので、便利です。

### 10-1-3
## 三種のアクセス修飾子の違いを学ぼう

　ここで、今一度リスト10-1の❷のプロパティnameに注目します。このプロパティは、アクセス修飾子が記述されていないので、public扱いとなっています。ここで、このプロパティを非公開にするためにprivateにすると、❺でエラーとなります（図10-5）。

```
 14         console.log(`${this.name}さん、こんにちは。`)
 15     }                          (property) Greetings.name: string
 16  }
 17                                プロパティ 'name' はプライベートで、クラス 'Greetings' 内でのみアクセスできま
 18  class GoodMorning extends Gr   す。 ts(2341)
 19     sayGoodMorning() {          問題の表示 (Alt+F8)   利用できるクイックフィックスはありません
 20         console.log(`${this.name}さん、おはようございます`);
 21     }
```

**図10-5** 親クラスのプロパティを private にすると子クラスからはアクセスできない

　9-3-4項で説明した通り、private はクラス内からしかアクセスできないメンバです。そして、子クラスからのアクセスもできないようになっています (図10-6)。

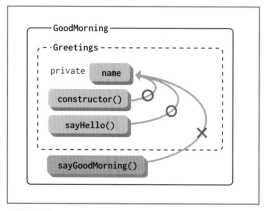

**図10-6** private メンバは子クラスからアクセスできない

　もしプロパティが親クラス内でしか利用されないならば、private にするのが望ましいですが、子クラスから利用される可能性がある場合、private は使えません。かといって、public にするのも望ましくありません。その場合に登場するのが、初登場のアクセス修飾子である **protected** です。protected は、自クラスと子クラスからのみアクセスできるようにするアクセス修飾子です。

　そこで、リスト10-1の❷を protected に書き換えたリスト10-2の useExtends2.ts を作成し、正しく動作することを確認しておきましょう。リスト10-1との違いは、赤字の部分だけですので、他は省略しています。

**リスト10-2**　chap10/useExtends2.ts

```
001  export{}
002
003  class Greetings {
004      protected name: string = "";
005      〜省略〜
006  }
007  〜省略〜
```

　赤字のように name プロパティを protected にしても、リスト10-1と同じ実行結果になることを確認しておいてください。一方で、この name プロパティにクラス外部からアクセスしよう

とすると、図10-7のようにエラーとなります。このことからも、protectedは、あくまで自ク
ラスと子クラスからしかアクセスできないことがわかります。

```
20      console.log(`${this.name}さん、おはようございます`);
21    } (property) Greetings.name: string
22  }
        プロパティ 'name' は保護されているため、クラス 'Greetings' とそのサブクラス内
23  const でのみアクセスできます。 ts(2445)
24  taro.
25  taro. 問題の表示 (Alt+F8)    利用できるクイックフィックスはありません
26  taro.name;
```

図10-7 protectedは自クラス内と子クラス内からしかアクセスできない

protectedを学んだところで、三種のアクセス修飾子全てを学んだことになります。ここで、
表10-1にまとめておきます。

| アクセス修飾子 | 内容 |
|---|---|
| 無記述／public | クラス内外を問わず、どこからでもアクセスできるメンバ |
| private | クラス内からしかアクセスできないメンバ |
| protected | クラス内と子クラスからしかアクセスできないメンバ |

表10-1 三種のアクセス修飾子

### 10-1-4
## オーバーライドを学ぼう

継承を利用すると、子クラスには親クラスのメンバがそのまま含まれます。ただし、その親ク
ラスのメソッドをそのまま使うと問題となる場合があります。その場合は、そのメソッドの処理
内容を丸ごと上書きすることができます。これを、**オーバーライド**といいます。

> note
>
> 8-1節で紹介した、引数違いの同名関数の仕組みは、オーバーロードです。ここで紹介して
> いるのは、オーバーライドです。名称が似ていて、プロでもよく間違えます。コーディング
> において遭遇するのは、オーバーライドの方が多いので、こちらの名称をしっかり覚えてお
> いた方がよいでしょう。

オーバーライドを含むコードを実際にコーディングしましょう。リスト10-3のuseExtends3.
tsファイルを作成してください。なお、Greetingsクラス内のコードはリスト10-2と同じです
ので、省略しています。

リスト10-3 chap10/useExtends3.ts
```
001  export{}
002
003  class Greetings {
004      ～省略～
```

クラスの応用的な機能を理解する

10

```
005      }
006
007    class MyDo extends Greetings {   ❶
008        sayHello() {   ❷
009            console.log(`${this.name}さん、まいど。`)
010        }
011    }
012
013    const jiro = new MyDo("坂本次郎");
014    jiro.sayHello();   ❸
```

実行結果

```
> tsc useExtends3.ts
> node useExtends3.js


坂本次郎さん、まいど。
```

　リスト10-3の❶で作成したMyDoクラスでは、❷でsayHello()メソッドを定義しています。このメソッドは、先述の通り、親クラスであるGreetingsクラスにもともと定義されていたメソッドと同じ名前のため、この❷のsayHello()メソッドが、オーバーライドメソッドです。

　そして、このMyDoクラスをnewして、sayHello()メソッドを呼び出しているのが❸です。実行結果から、❷で新たに定義した処理内容に上書きされているのが理解できるでしょう。

## 10-1-5
# 親クラスのメソッドを呼び出してみよう

　このオーバーライドでは、応用的な使い方ができます。そのようなコードが記述されたリスト10-4のuseExtends4.tsファイルを作成してください。なお、Greetingsクラス内のコードはリスト10-3と同じですので、省略しています。

**リスト10-4** chap10/useExtends4.ts

```
001    export{}
002
003    class Greetings {
004        〜省略〜
005    }
006
007    class HelloWithNice extends Greetings {   ❶
008        sayHello() {   ❷
009            super.sayHello();   ❸
010            console.log("よろしくお願いします!");
011        }
012    }
```

```
013
014    const saburo = new HelloWithNice("宮西三郎");
015    saburo.sayHello();  ❹
```

実行結果

```
> tsc useExtends4.ts
> node useExtends4.js


宮西三郎さん、こんにちは。
よろしくお願いします!
```

　リスト10-4では、リスト10-3同様に、Greetingsクラスを継承したHelloWithNiceクラスを❶で定義しています。さらに、❷でsayHello()メソッドをオーバーライドし、「よろしくお願いします!」と表示するようにしています。そのオーバーライドされたsayHello()を呼び出しているのが❹です。

　ところが、その❹の実行結果を確認すると、「宮西三郎さん、こんにちは。」も表示されています。これは、親クラスであるGreetingsのsayHello()メソッドの処理内容です。これを可能にしているのが、リスト10-4の❸のsuperです。

　オーバーライドされたメソッド内で、super.に続けて、同名のメソッドを記述することで、親クラスの処理内容も実行させることが可能となります。

　このsuperの記述位置は、任意です。リスト10-4では、メソッド内の最初に記述していますが、次のように最後に記述してもかまいません。

```
sayHello() {
    console.log("よろしくお願いします!");
    super.sayHello();
}
```

　この場合の実行結果は、次のようになります。

実行結果

```
よろしくお願いします!
宮西三郎さん、こんにちは。
```

　つまりは、メソッド内でsuperを記述した位置で、親クラスの処理が実行されることになります。

**10**

クラスの応用的な機能を理解する

### 10-1-6
# コンストラクタもオーバーライドできる

　ここまで紹介してきたオーバーライドは、コンストラクタでも可能です。実際に、リスト10-4をそのように改造したリスト10-5のuseExtends5.tsファイルを作成してください。なお、Greetingsクラス内のコードはリスト10-2と同じですので、省略しています。

**リスト10-5** chap10/useExtends5.ts

```
001   export{}
002
003   class Greetings {
004       〜省略〜
005   }
006
007   class HelloWithMsg extends Greetings {  ❶
008       msg: string = "";  ❷
009
010       constructor(name: string, msg: string) {  ❸
011           super(name);  ❹
012           this.msg = msg;  ❺
013       }
014
015       sayHello() {
016           super.sayHello();
017           console.log(this.msg);  ❻
018       }
019   }
020
021   const shiro = new HelloWithMsg("渡辺四郎", "いい天気ですね!");
022   shiro.sayHello();
```

実行結果

```
> tsc useExtends5.ts
> node useExtends5.js


渡辺四郎さん、こんにちは。
いい天気ですね!
```

　リスト10-5では、これまで同様に、❶でGreetingsクラスを継承したHelloWithMsgクラスを❶で定義しています。その子クラス内にコンストラクタを定義し、親クラスのコンストラクタをオーバーライドしています。それが、❸です。ただし、通常のメソッドと違い、コンストラクタのオーバーライドでは、必ず親クラスのコンストラクタを呼び出す必要があります。それが、リスト10-5の❹の記述です。通常メソッドの親クラスの呼び出しはsuper.にメソッド名をつづけましたが、コンストラクタは、単なる**super()**です。もちろん、親クラスのコンストラクタに引数が定義されていれば、リスト10-5の❹のように、引数を渡します。

　リスト10-5のコンストラクタでは、引数としてもうひとつmsgを受け取り、❺で❷のプロパティに格納する処理も記述しています。sayHello()メソッドでは、❻でそのmsgを表示するようにしています。

---

　**SPAフレームワークとTypeScript**

　Webアプリケーションの作り方のひとつに、シングルページアプリケーション (Single Page Application)、略してSPAがあります。初回アクセス時にhtmlファイルを1回だけ読み込み、その際に必要なJavaScriptコードを読み込んでおき、その後は全ての画面表示をそのJavaScriptコードの処理によって行うというものです (図10-C1)。

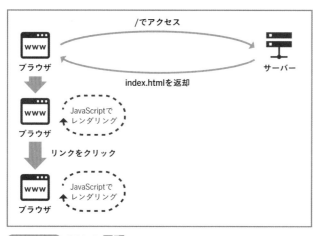

**図10-C1**　SPAの原理

　SPAのポイントは、画面表示処理の全てがJavaScriptによってブラウザ上で行われることです。表示に必要なデータをサーバから取得しなければならない場合でも、JavaScriptによって取得します。

　ただし、SPAを自力でコーディングすることは大変ですので、通常はフレームワークを利用します。フレームワークとは、あらかじめ共通処理が組み込まれており、プログラマは差分をコーディングするだけで済むようになっているしくみです。現在、SPAフレームワークで定番と言われているのがReactですが、ほかにもVueやAngularなどが人気です。

　これらのフレームワークは、TypeScriptでのコーディングをサポートしています。本書を終えられたあとは、ぜひこれらのフレームワークの習得を目指してみてください。

---

• **まとめ** •

◉ クラスを継承すると、親クラスのメンバが丸ごと子クラスに含まれることになる。

◉ アクセス修飾子には、クラス内と子クラスからのみアクセス可能なprotectedがある。

◉ 親クラスのメソッドをオーバーライドすることで、メソッドの処理内容を上書きできる。

◉ 親クラスのメソッドの処理も実行したい場合はsuperを利用する。

◉ コンストラクタもオーバーライドできるが、コンストラクタ内の最初の行に必ずsuper()を記述する必要がある。

# 10-2 インターフェースを知る

9-2-1項で扱ったように、クラスを定義すると、それがひとつのデータ型となります。TypeScriptには、データ型を定義する方法として、他にもインターフェースというのがあります。この節ではインターフェースを学びましょう。

## 10-2-1
## オブジェクトリテラルの問題点を再確認してみよう

例えば、ある従業員の名前と時給とその月の作業時間の3個のデータをもとに、その月の月給を表示する関数を考えてみます。その関数は、次のようなコードになるでしょう。

```typescript
function showTotalWage(name: string, wage: number, hours: number) {
    const total = wage * hours;
    console.log(`${name}さんの支給額: ${total}円`);
}
```

上記関数定義では、名前と時給と作業時間の3データをそれぞれ引数として用意しています。これらは、もちろん、オブジェクトとしてまとめ、次のような関数とすることもできます。

```typescript
function showTotalWage(emp) {
    const total = emp.wage * emp.hours;
    console.log(`${emp.name}さんの支給額: ${total}円`);
}
```

ここで問題となるのは、引数empのデータ型です。

empは、プロパティとして名前のname、時給のwage、作業時間のhoursを必ず保持していないと、関数内の処理が適切に実行できず、エラーとなってしまいます。それを避けるために、ひとつの方法としては、ここまで紹介してきたクラスを利用することもできます。

一方で、クラスをわざわざ定義するまでもなく、オブジェクトリテラルを利用することもできます。ただし、ただ単に次のようにオブジェクトリテラルを記述しただけでは、9-1-1項で説明したように、必要なプロパティを保持している保証がありません。

```typescript
const keisuke =
{
    name: "和田圭佑",
```

```
        wage: 1150,
        hours: 105
    }
```

### 10-2-2
## インターフェースとは何かを学ぼう ● ● ● ● ● ● ● ● ● ● ● ● ● ● ● ● ● ● ● ● ● ● ●

　そこで登場するのが、**インターフェース**です。インターフェースを利用することで、このオブジェクトリテラルに対して、その中に含まれていなければならないプロパティを定義できます。つまり、オブジェクトリテラルのデータ型を決めることができます。

　具体的にソースコードでみていきましょう。リスト10-6のuseInterface.tsファイルを作成してください。

**リスト10-6** chap10/useInterface.ts

```
001  export{}
002
003  interface Emp {     ❶
004      name: string;   ❷
005      wage: number;   ❸
006      hours: number;  ❹
007  }
008
009  function showTotalWage(emp: Emp) {  ❺
010      const total = emp.wage * emp.hours;
011      console.log(`${emp.name}さんの支給額: ${total}円`);
012  }
013
014  const keisuke: Emp =  ❻
015  {
016      name: "和田圭佑",
017      wage: 1150,
018      hours: 105
019  }
020
021  showTotalWage(keisuke);
```

実行結果

```
> tsc useInterface.ts
> node useInterface.js


和田圭佑さんの支給額: 120750円
```

　リスト10-6の❶がインターフェースです。インターフェースを定義する構文は次の通りです。

10

クラスの応用的な機能を理解する

●インターフェース

```
interface インターフェース名 {
    プロパティ名: データ型;
    :
}
```

　一見クラス定義と似ていますが、まず、class宣言ではなく、interface宣言なのが違います。さらに、各プロパティの初期値は記述しません。インターフェースはあくまでデータ型の定義なので、値を保持することが許されていないのです。リスト10-6では、❷で名前のname、❸で時給のwage、❹で作業時間のhoursの各プロパティを定義していますが、初期値は全く記述されていません。これを、初期値を記述すると、図10-8のようにエラーとなるので注意してください。

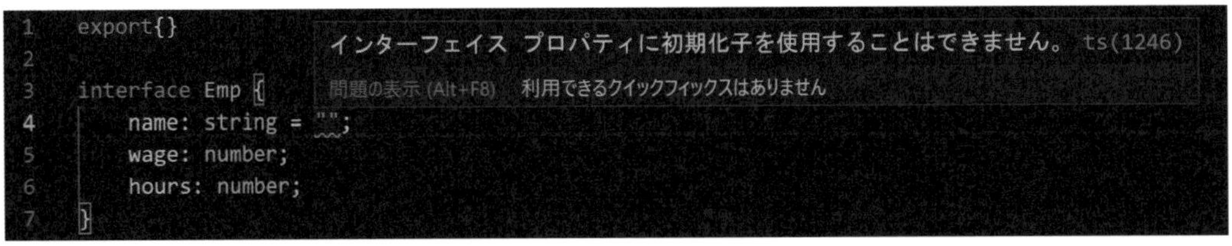

```
1   export{}
2
3   interface Emp {          インターフェイス プロパティに初期化子を使用することはできません。 ts(1246)
                             問題の表示 (Alt+F8)　利用できるクイックフィックスはありません
4       name: string = "";
5       wage: number;
6       hours: number;
7   }
```

図10-8　インタフェースに値を定義するとエラーとなる

　このようにインターフェースを定義しておくと、リスト10-6の❺のように、関数の引数のデータ型を、このインターフェース型とすることができます。また、その関数にわたすオブジェクトリテラルに対しても、❻のようにデータ型を指定できます。
　そして、❻のようにインターフェースをオブジェクトリテラルのデータ型として指定した場合、そのオブジェクトリテラルは、必ずインターフェースに定義されたプロパティ通りとする必要があります。もし過不足があった場合、図10-9や図10-10のようにエラーとなります。

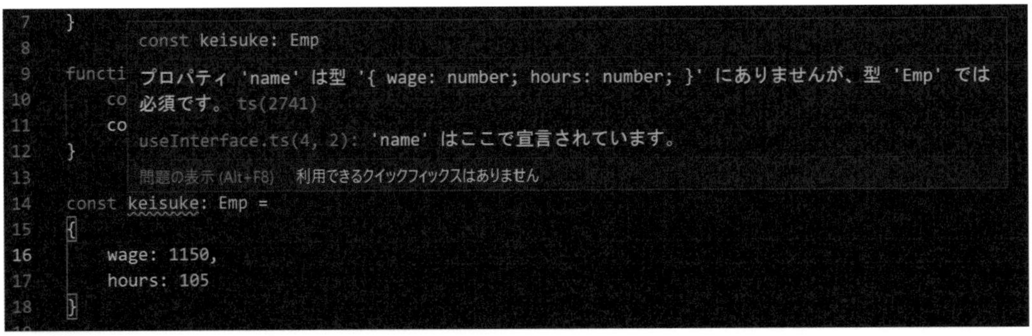

```
7   }
8           const keisuke: Emp
9   functi  プロパティ 'name' は型 '{ wage: number; hours: number; }' にありませんが、型 'Emp' では
10      co  必須です。 ts(2741)
11      co  useInterface.ts(4, 2): 'name' はここで宣言されています。
12  }
13          問題の表示 (Alt+F8)　利用できるクイックフィックスはありません
14  const keisuke: Emp =
15  {
16      wage: 1150,
17      hours: 105
18  }
```

図10-9　プロパティが不足してもエラーとなる

```
13
14    cons    型 '{ name: string; wage: number; hours: number; memo: string; }' を型 'Emp' に割り当
15    {       てることはできません。
16              オブジェクト リテラルは既知のプロパティのみ指定できます。'memo' は型 'Emp' に存在しませ
17              ん。 ts(2322)
18        問題の表示 (Alt+F8)  利用できるクイックフィックスはありません
19    memo: "いろいろありました"
20    }
21
```

**図10-10** プロパティが多くてもエラーとなる

　このように、コーディング段階からミスをエラーの形で指摘されることで、事前にバグを減らすことができ、安全にアプリケーションを作成できます。

### 10-2-3
## 省略可能なプロパティも定義できる

　図10-10では、オブジェクトリテラルkeisukeに、memoという、インターフェースにはないプロパティを記述してエラーとなっています。もしこのプロパティを省略可能なプロパティとするならば、次のようにインターフェースの定義段階で、プロパティに対して**?**を付記します。

```
interface Emp {
    name: string;
    wage: number;
    hours: number;
    memo?: string;
}
```

### 10-2-4
## インターフェースにはメソッドシグネチャも定義できる

　ここまでのインターフェースの例では、インターフェースのメンバとしてデータを表すプロパティしか紹介していません。この定義のことを、**プロパティシグネチャ**といいます。

　一方、インターフェースには、データだけでなく、処理も定義できます。これを、**メソッドシグネチャ**といいます。実際にソースコードで見ていきましょう。リスト10-7のuseInterface2.tsファイルを作成してください。

**リスト10-7** chap10/useInterface2.ts

```
001    export{}
002
003    interface Calc2Param {
004        name: string;
005        calc(num1: number, num2: number): number;  ❶
006    }
007
008    function useCalc2Param(calc2Param: Calc2Param) {  ❷
```

```
009        const ans = calc2Param.calc(5, 4);  ❸
010        console.log(`${calc2Param.name}の実行結果: ${ans}`);
011    }
012
013    const multiplication: Calc2Param =
014    {
015        name: "かけ算",
016        calc(num1: number, num2: number): number {  ❹
017            return num1 * num2;
018        }
019    }
020
021    useCalc2Param(multiplication);
```

実行結果

```
> tsc useInterface2.ts
> node useInterface2.js


かけ算の実行結果: 20
```

　このリスト10-7は、インターフェースCalc2Paramで、2個の値を使って何かの演算を行うもの、という定義を行っています。そのCalc2Paramを引数とする関数useCalc2Param()を定義して、演算処理を引数5と4で実際に呼び出し、演算名と結果を表示させるようにしています。ここまではあくまで定義です。これらの定義を使って、具体的に掛け算処理を表すオブジェクトリテラルを定義しているのが、multiplicationです。このmultiplicationを引数として、useCalc2Param()を実行させています。

　そのリスト10-7の❶がメソッドシグネチャです。クラスのメソッドと同じような記述になっていますが、処理ブロックが記述されていません。これは、プロパティシグネチャで具体的な値を保持することが許されていないのと同様の理由です。構文としてまとめると次のようになります。

● インターフェースのメソッドシグネチャ

```
interface インターフェース名 {
    メソッド名(引数: 引数の型, …): 戻り値の型;
}
```

　具体的な処理は、オブジェクトリテラルで定義します。それが、リスト10-7の❹です。この❹の記述は、まさに、クラス内のメソッドの定義と同じです。

　このようなインターフェースを、❷のように関数の引数の型として定義しておくと、❸のように安心してメソッドcalc()を呼び出すことができます。

## 10-2-5
## プロパティ名のデータ型を指定できるインデックスシグネチャ

6-2-2項で連想配列を定義するにあたって利用した**インデックスシグネチャ**は、実は、このインターフェースのシグネチャのひとつです。これは、プロパティ名のデータ型を定義するものです。構文としてもう一度掲載すると、次のようになります。なお、6-2-2項で紹介したように、キーワードは任意の文字列でかまいませんが、keyやindexなどとするのが一般的です。

● インターフェースのインデックスシグネチャ

```
interface インターフェース名 {
    [キーワード: プロパティ名のデータ型]: プロパティのデータ型;
}
```

例えば、次のようなインターフェースがあるとします。

```
interface NumberIndexed {
    [key: number]: string;
}
```

このようなインターフェースを定義すると、このインターフェース型のオブジェクトリテラルでのプロパティ名は、数値以外使用できなくなります。例えば、次のようなコードです。

```
const nameList: NumberIndexed =
{
    456: "田中",
    551: "鳳来"
}
```

もし、このプロパティ名を、例えば、nameや"house"とすると、図10-11のようにエラーとなります。

```
3    interface NumberIndexed {
4        (property) name: string
5    }
6        型 '{ 456: string; 551: string; name: string; }' を型 'NumberIndexed' に割り当てること
7    cons はできません。
8    {       オブジェクト リテラルは既知のプロパティのみ指定できます。'name' は型 'NumberIndexed' に
9        存在しません。 ts(2322)
10       問題の表示 (Alt+F8)    利用できるクイックフィックスはありません
11       name: "名前"
12   }
```

図10-11 プロパティ名がnameでエラーとなる

## 10-2-6
## インターフェース定義をリテラルに埋め込める

ところで、ここまで紹介してきたサンプルでは、インターフェースを定義して、その型のオブジェクトリテラルを記述する方法をとってきました。もちろん、この方法の方が、同じインター

フェース型のオブジェクトリテラルを複数記述できます。簡単にいうと、インターフェースの再利用が可能です。

　一方、TypeScriptの構文としては、オブジェクトリテラルを記述するその際に、インターフェースの内容を付記し、データ型とすることができます。この場合、インターフェースの再利用の必要がない場合に、便利な記述です。例えば、リスト10-6の❻にその方法を採用すると、次のコードになります。

```
const keisuke: {
    name: string;
    wage: number;
    hours: number;
} =
```

　この方法を利用したリテラルを、**オブジェクト型リテラル**といいます。実は、6-2節で紹介した連想配列は、インデックスシグネチャのオブジェクト型リテラルなのです。先のNumberIndexedインターフェースをオブジェクトリテラルの宣言内に埋め込んで、nameListを記述すると、次のようなコードになります。

```
const nameList: {
    [key: number]: string;
} =
{
    456: "田中",
    551: "鳳来"
}
```

これこそ、まさに、6-2節で紹介した連想配列宣言構文そのものです。

> note
>
> インターフェースに定義できるシグネチャとして、ここまで紹介したプロパティシグネチャ、メソッドシグネチャ、インデックスシグネチャの他に、関数を定義できるコールシグネチャ、コンストラクタを定義できるコンストラクタシグネチャがあります。これらは、本書の範囲を超えるので、割愛します。

● ま と め ●

- ● オブジェクトリテラルの中に含まれていないといけないメンバを定義できるのがインターフェース。
- ● インターフェースは型定義だけなので、中に値や処理を記述できない。
- ● 省略可能なプロパティを定義する場合は？を付記する。
- ● インターフェース定義をオブジェクトリテラルに直接記述することもできる。
- ● **TypeScript**の連想配列は、インデックスシグネチャのオブジェクト型リテラル。

# 10-3

# タプルと Enum を知る

さて、ここで少し趣旨を変えてみます。クラスやインターフェースを学んできた今だからこそ、学ぶ価値があるデータ型を2個紹介します。それは、タプルとEnumです。

## 10-3-1
## データ型の違う値をまとめられるタプル

これまでも扱ってきたように、例えば、ある人の名前と身長と体重のように、違うデータ型の値をまとめてワンセットとして扱いたい場面はよくあります。そのために、クラスとそのクラスをnewして利用できるオブジェクト、あるいは、インターフェースとオブジェクトリテラルのような方法が用意されており、それらを学んできました。

一方、もっと手軽に、使い捨て感覚でそのようなデータ型の違う値をワンセットとして扱いたい場面では、**タプル**が便利です。タプルというのは、データ型と個数があらかじめ決まっている配列のようなものです。実際にコードを見ていきましょう。リスト10-8のuseTuple.tsを作成してください。

**リスト10-8** chap10/useTuple.ts

```
001    export{}
002
003    const personalData: [string, number, number] = ["太郎", 167.5, 65.1];  ❶
004    for(const element of personalData) {
005        console.log(element);                                              ❷
006    }
```

実行結果

```
> tsc useTuple.ts
> node useTuple.js


太郎
167.5
65.1
```

リスト10-8の❶がタプルです。ほぼ配列と似た書式ですが、違いは、データ型の記述部分です。次のように3個のデータ型を記述しています。

10

クラスの応用的な機能を理解する

```
[string, number, number]
```

　このような記述をした場合、要素3個の配列が生成され、次のように、個数とデータ型が決められてしまいます。

**・インデックス0は文字列**
**・インデックス1は数値**
**・インデックス2は数値**

　そのため、続くリテラル部分では、それに合わせた内容になっています。
　また、次のコードのようにそれぞれの要素に間違ったデータ型を代入しようとすると、エラーとなります。

```
personalData[0] = 456;
personalData[1] = "こんにちは";
```

　これは、本来文字列であるインデックス0の要素に数値を、本来数値であるインデックス1の要素に文字列を代入しようとしているからです。
　また、次のコードのように個数より多い要素にデータを代入しようとしてもエラーとなります。

```
personalData[3] = 445;
```

　これは、インデックス3、つまり4個目に値を格納しようとしているコードで、定義上の個数より多いのでエラーとなります。
　なお、タプルは配列の一種と考えることもできますので、リスト10-8の❷のように、for-of構文を使ってループ処理が可能です。

> note
>
> タプルを利用する際の注意点として、要素の削除や挿入は避けるということです。例えば、リスト10-8のpersonalDataに先頭要素を削除するメソッドであるshift()を実行した場合、personalData[0]の値は167.5となってしまいます。これを、personalDataの定義通りにstringと思ってコーディングしていると、実行時に思わぬエラーが発生してしまいます。

### 10-3-2
### 定数をひとつの変数にまとめられるのがEnum ・・・・・・・・・・

　次にEnumを紹介します。**Enum**は、定数を束ねておけるデータ型です。和訳では**列挙型**といいます。実際にコードで確認しましょう。リスト10-9のuseEnum.tsを作成してください。

**リスト10-9** chap10/useEnum.ts

```
001  export{}
```

```
002
003    enum Rgb {RED, GREEN, BLUE}   ❶
004
005    function showColorSelection(name: string, color: Rgb) {   ❷
006        let colorStr = "赤";
007        if(color == Rgb.GREEN) {
008            colorStr = "緑";
009        } else {                                    ❸
010            colorStr = "青"
011        }
012        console.log(`${name}さんが選んだ色: ${colorStr}`);
013    }
014
015    showColorSelection("美智恵", Rgb.GREEN);   ❹
```

実行結果

```
> tsc useEnum.ts
> node useEnum.js


美智恵さんが選んだ色: 緑
```

　リスト10-9の❶のコードが、Enumを宣言しているコードです。ここでは、光の三原色、いわゆるRGBのRED、GREEN、BLUEを表す定数をまとめたものとして、Rgbを定義しています。そのような定数をまとめる場合、**enum**キーワードを使い、続いてデータ名を記述します。その後の波かっこブロック内に定数を列挙します。この列挙された定数を**列挙子**といいます。構文としてまとめておきます。

● Enum型データ宣言

```
enum データ名 {列挙子, 列挙子, …}
```

　このEnum型データを利用する場合は、リスト10-9の❹の第2引数のように、次の構文となります。

● Enum型データの利用

```
データ名.列挙子
```

　このEnum型データを宣言しておくと、変数や引数のデータ型として、作成したEnumデータを指定できます。それが、リスト10-9の❷の関数showColorSelection()の第2引数です。この関数では、第1引数で名前を、第2引数で選択した赤緑青の色を受け取るようにし、「〇〇

**10**

クラスの応用的な機能を理解する

さんが選んだ色：〇〇」と表示させるようにしています。この選択した色を表示する部分に第2引数を利用します。その際、次の関数シグネチャのように、色名を文字列で受け取るようにしておくと、赤緑青以外の色名を渡すことが可能となってしまいます。

```
function showColorSelection(name: string, colorName: string) {
```

また、各色に、例えば、赤が0、緑が1、青が2と番号を対応させておいて、次のような関数シグネチャと作成したとします。

```
function showColorSelection(name: string, colorNo: number) {
```

この場合も、0、1、2以外の番号が第2引数として渡される可能性があり、それに対応したコーディングを関数内で行う必要が出てきます。

一方、Enumを定義しておき、それを引数の型とすることで、例えば、次のコードのように、そのEnumに定義されたもの以外を渡そうとすると、エラーとなります。

```
showColorSelection("美智恵", Rgb.YELLOW);
```

あらかじめ想定された定数以外渡ってこないことを前提とすることで、関数内のコードは、リスト10-9の❸のように、エラーを気にせず簡潔に記述できます。

### 10-3-3
## Enumの各列挙子には自動で番号が付与される

ところで、先ほど各色に番号を割り当てる考えを紹介しました。実は、Enumを定義すると、内部的には自動的に番号が割り当てられている仕組みとなっています。この番号は、列挙子を定義した順番に、0始まりで振られます。

もし、この番号を1始まりにしたい場合は、次のように最初の列挙子に数値を指定します。

```
enum Rgb {RED = 1, GREEN, BLUE}
```

こうすると、1始まりで採番し、GREENが2、BLUEが3となります。さらに、次のように、連番ではなく各々の数値を指定することもできます。

```
enum Rgb {RED = 10, GREEN = 20, BLUE = 30}
```

また、文字列を指定することもできます。例えば、次のような定義コードです。

```
enum Rgb {RED = "R", GREEN = "G", BLUE = "B"}
```

• まとめ •

● タプルは、要素数と各要素のデータ型が決まった配列。
● Enumは、定数を束ねておけるデータ型。
● Enumの各列挙子は、内部的には数値が割り当てられている。

## 10-1 ・・・・・・・・・・・・・・・・・・・・・・・・・・・・・・・・・・・・・・・・・・

**問1** Donuts クラスとして次のコードが記述された showDonutsPrice.ts ファイルを chap10 フォルダ内に作成しましょう。

**chap10/showDonutsPrice.ts**

```
001   export{}
002
003   class Donuts {
004       private _name: string = "";
005       private _price: number = 0;
006       private _quantity: number = 0;
007
008       constructor(name: string, price: number, quantity: number) {
009           this._name = name;
010           this._price = price;
011           this._quantity = quantity
012       }
013
014       get totalDonutsPrice() {
015           return this._price * this._quantity;
016       }
017
018       showOrder() {
019           console.log(`${this._name}が${this._quantity}個で合計${this.totalDonutsPrice}円`);
020       }
021   }
```

このDonutsクラスを継承したDonutsWithDrinkクラスを、showDonutsPrice.tsファイルに作成しましょう。DonutsWithDrinkクラスのメンバは、次の通りとします。

**privateプロパティとして、飲み物名を表す _drinkName、飲み物の金額を表す _drinkPrice 各プロパティに値を格納するコンストラクタ**

**問2** 問1の続きとして、DonutsWithDrinkクラスにドーナツと飲み物の合計金額を priceWithDrink プロパティとして得るゲッタを追記しましょう。

**問3** 問2の続きとして、showOrder()メソッドを追記しましょう。処理内容は、「ドーナツと ○○とのセットで合計###円」とコンソールに出力するものです。なお、表示内容の「○○」には飲み物名が、「###」には合計金額が入ります。

**問4** showDonutsPrice.ts ファイルの実行部分で、DonutsWithDrink クラスを new して、showOrder() メソッドを実行させるコードを記述しましょう。new の際の引数としては、次のものを渡しましょう。

> ドーナツ名: オールドファッション
> ドーナツ単価: 120
> 注文個数: 3
> 飲み物名: アイスコーヒー
> 飲み物金額: 150

## 10-2

**問5** インターフェース Donuts が記述された showDonutsPrice2.ts ファイルを、chap10 フォルダ内に作成しましょう。Donuts インターフェースには、プロパティとして、注文したドーナツ名を表す name、そのドーナツの単価を表す price、注文した個数を表す quantity が定義されているとします。

**問6** showDonutsPrice2.ts ファイルに showOrder() 関数を追記しましょう。showOrder() 関数には、引数として問5で作成した Donuts インターフェース型の donuts が定義されており、処理内容としては、「〇〇が△△個で合計###円」と表示させるものです。なお、「〇〇」にはドーナツ名が、「△△」には注文した個数が、「###」には合計金額が表示されます。

**問7** Donuts 型のオブジェクトリテラル myDonuts を記述し、それを showOrder() に引数として渡し、次のような実行結果となるコードを showDonutsPrice2.ts ファイルに追記しましょう。

実行結果

> チョコファッションが2個で合計280円

# モジュールについて
# 理解する

TypeScriptを学ぶ本書も、いよいよ大詰めです。最終章となる次の
Chapterでは、実践的な内容を紹介しますので、TypeScriptの仕組
みを紹介するのは、このChapterが最後となります。その最後の
Chapterでは、これまで学んできた関数やクラスなどを効率よく再
利用する仕組みとして、モジュールという仕組みを学びます。

# 11-1

# モジュールの基本を知る

モジュールは、TypeScriptの関数やクラスなどを効率よく再利用できる仕組みです。では、そもそも再利用とはどういうことでしょうか。そのあたりから話を始めていきましょう。

## 11-1-1
## モジュールとは何かを学ぼう

　Chapter 10のリスト10-1のファイルには、実行部以外にGreetingsクラス、GoodMorningクラスの2クラスが含まれています（図11-1）。

**図11-1**　useExtends.ts ファイル内の構造

　Chapter 10では、このGreetingsクラスを継承した別のクラスであるMyDoクラスの例として、useExtends2.tsファイルを作成する際、Greetingsクラスを丸々コピー&ペーストする必要がありました。もちろん、学習段階などではそのような方法でかまいませんが、実開発では非効率なだけでなく、同じコードのクラス定義が様々なファイルに散在することになり、メンテナンス性が下がります（図11-2）。

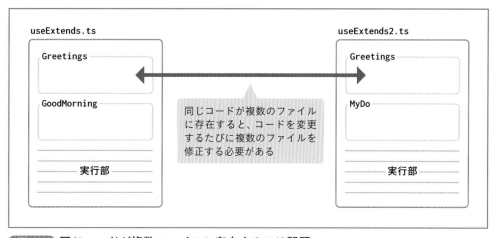

**図11-2** 同じコードが複数ファイルに存在するのは問題

やはり、ひとつのクラス定義は、ひとつのファイルにのみ記述し、他のクラスや実行部では、そのファイルを読み込んで利用する、つまりは再利用できるようにしたほうが、コーディング効率の面でも、メンテナンスの面でもメリットが大きいです。

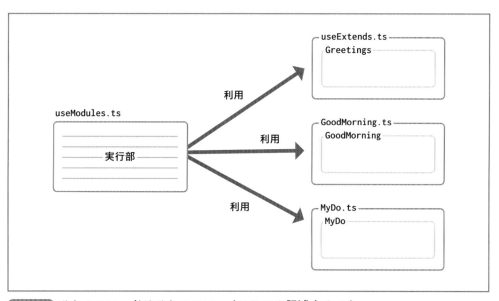

**図11-3** ひとつのコードはひとつのファイルにのみ記述するべき

この図11-3のように、別のファイルに記述されたクラスなどを読み込んで使えるようにした仕組みが、**モジュール**です。

### 11-1-2
## モジュール定義を学ぼう

では、実際にモジュールを定義していきましょう。ここでは、前項の例の通り、Greetings クラスをモジュール化します。

Chapterが変わったので、このChapter用のフォルダとして、ITBasicTypeScript フォルダ内にchap11 フォルダを作成し、さらにその中にmodule1 フォルダを作成してください。そのmodule1 フォルダ内に、リスト11-1のGreetings.ts ファイルを作成してください。なお、なぜchap11 フォルダ内にサブフォルダを作成するのかについては、後述します。また、Greetings クラス内のコードは、Chapter 10で作成したものと同じコードです。

**リスト11-1** chap11/module1/Greetings.ts

```
001    export class Greetings {
002        protected name: string = "";
003
004        constructor(name: string) {
005            this.name = name;
006        }
007
008        sayHello() {
009            console.log(`${this.name}さん、こんにちは。`)
010        }
011    }
```

現時点では、まだ実行はできません。

Chapter 10で作成したGreetings クラスの記述から変わったところは、赤字の**export**が付記されただけです。クラスなど、再利用したい定義コードをモジュール化する場合は、それぞれの定義コードの先頭にexportを付記します。これで、Greetings モジュールが定義できたことになります。この作業からもわかるように、TypeScript (JavaScript) のモジュールは、ひとつのファイルとなることを理解しておいてください。

### 11-1-3
## モジュールの利用方法を学ぼう

次に、モジュール化されたGreetings クラスを、別のファイルに記述した実行部から利用するコードを記述します。そのようなコードを記述しながら、モジュールの利用方法を学びましょう。

module1 フォルダ中にリスト11-2のuseModule.ts ファイルを作成してください。

**リスト11-2** chap11/module1/useModule.ts

```
001    import {Greetings} from "./Greetings";    ❶
002
003    const taro = new Greetings("江口太郎");
004    taro.sayHello();
```
❷

実行結果

```
> tsc useModule.ts
> node useModule.js

江口太郎さん、こんにちは。
```

リスト11-2の❷のコードが、リスト11-1のGreetings.tsクラスの実行部です。

ここで注目するのは、❶です。このコードがリスト11-1のモジュールを利用しているコードです。構文としてまとめると次のようになります。

● モジュールのimport文

```
import ｛クラス名など｝ from "モジュールファイルの相対パスの拡張子なし"
```

この構文通り、importキーワードに続けて｛　｝ブロックを記述します。その中に、モジュールファイル中でエクスポートされたクラス名などを記述します。続けて、fromを記述し、文字列の形でモジュールファイルの相対パスから拡張子を除去したものを記述します。

リスト11-2では、同一階層のGreetings.tsファイルを利用するので、同一階層を表す ./ を記述した上で、ファイル名の拡張子を除去したGreetingsを記述しています。もしこのGreetings.tsファイルがmodule1フォルダ内のgreetフォルダに配置されているならば、import文は次のコードとなります。

```
import {Greetings} from "./greet/Greetings";
```

> note
>
> リスト11-2をコンパイルする際、useModule.tsファイルのみコンパイルを行いました。それでも問題なく実行できています。これは、モジュールを利用する場合、インポート先のモジュールファイルも自動的にコンパイルされる仕組みとなっているからです。実際、useModule.jsだけでなく、Greetings.jsも生成されています。確認してみてください。

● まとめ ●

- クラスなどの定義を再利用できるようにした仕組みがモジュール。
- 定義コードの前にexportを記述すると、そのファイルがモジュールファイルとなり、再利用できるようになる。
- 定義コードを利用する場合は、モジュールファイルをインポートして使う。

# 11-2 エクスポートの バリエーションを知る

モジュールに関するexportとimportの基本を学んだところで、この export、つまりモジュールファイル側の作成方法のバリエーションを増 やしていきましょう。

## 11-2-1
### さまざまな定義がエクスポートできることを学ぼう

前節でimportやexportの説明をする際、「クラスなど」という表現を使ってきました。実は、 エクスポートできるものはクラスだけではありません。関数や変数、インターフェースなど、 TypeScriptがサポートしている定義構文は、すべてエクスポートでき、それぞれの定義の前に exportキーワードを付記するだけです。しかも、ひとつのファイル内で複数の定義をエクスポー トできます。

実際に、サンプルとして、変数と関数をエクスポートしたモジュールを利用するコードを作成 してみましょう。まず、モジュールファイルからです。chap11フォルダ内にmodule2フォル ダを作成し、その中にリスト11-3のCircles.tsファイルを作成してください。

> **リスト11-3**　chap11/module2/Circles.ts

```
001    export const PI = 3.14;   ❶
002
003    export function calcAreaOfCircle(radius: number, pi: number): number {   ❷
004        return pi * radius * radius;
005    }
```

リスト11-3では、❶で円周率を表す変数PIを、❷で円の面積を計算する関数である calcAreaOfCircle()を定義し、それぞれにexportが付記されています。これだけで、この Circles.tsファイルをインポートしたファイルは、この両定義を利用できるようになります。

## 11-2-2
### 複数エクスポートをインポートする方法を学ぼう

次に、このCircles.tsをインポートして変数PIと関数calcAreaOfCircle()の両方を利用して いく実行ファイルとして、リスト11-4のuseCircles.tsファイルをmodule2フォルダ内に作成 してください。

**リスト11-4** chap11/module2/useCircles.ts

```
001    import {PI, calcAreaOfCircle} from "./Circles";  ❶
002
003    const radius = 5;
004    const ans = calcAreaOfCircle(radius, PI);  ❷
005    console.log(`計算された結果: ${ans}`);
```

実行結果

```
> tsc useCircles.ts
> node useCircles.js

計算された結果: 78.5
```

リスト11-4で注目すべきは、❶の{ }内の記述です。インポートするモジュールファイルが複数定義をエクスポートしている場合、その定義名を{ }内にカンマ区切りで並べるだけで、それらを同時にインポートして利用できます。実際に、❷では、インポートした関数calcAreaOfCircle()を利用すると同時に、その引数として、同じくインポートした変数PIを渡しています。

なお、リスト11-4では、モジュールファイルがエクスポートしている定義全てを{ }内に列挙していますが、全てを記述しなければならないわけではなく、必要なもののみを記述してもかまいません。例えば、calcAreaOfCircle()関数のみをインポートしたい場合は、次のようなimport文となります。

```
import {calcAreaOfCircle} from "./Circles";
```

### 11-2-3
## エクスポートしないコードも記述できる

モジュールファイルには、エクスポートしないコードも記述できます。例えば、リスト11-3のCircles.tsに、次の赤字の関数定義コードを記述したとします。

```
export const PI = 3.14;
export function calcAreaOfCircle(radius: number, pi: number): number {
    return pi * radius * radius;
}
function calcCircumference(radius: number, pi: number): number {
    return 2 * pi * radius;
}
```

PIやcalcAreaOfCircle()とは違い、calcCircumference()関数にはexportが記述されていません。このような定義は、ファイル外部からは参照できないようになっています。試しに、useCircles.tsから参照しようとすると、図11-4のようにエラーとなります。

```
chap11 > module2 > TS useCircles.ts > ...
1   import {PI, calcAreaOfCircle, calcCircumference} from "./Circles";
2
3   const radius = 5;
4   const ans = calcAreaOfCircle(r  import calcCircumference
5   console.log(`計算された結果: ${   モジュール '"./Circles"' は 'calcCircumference' をローカルで宣言していますが、これはエク
6   const ans2 = calcCircumference   スポートされていません。 ts(2459)
7                                    Circles.ts(7, 10): 'calcCircumference' はここで宣言されています。
                                     問題の表示 (Alt+F8)    利用できるクイックフィックスはありません
```

**図11-4** エクスポートされていない定義をインポートするとエラーとなる

### 11-2-4
## おまじない export{} の意味を知ろう ● ● ● ● ● ● ● ● ● ●

　このようなエクスポートの仕組みを理解すると、これまでのサンプルコードで先頭に記述してきた export{} のおまじないの意味が理解できるようになります。

　.ts ファイルにおいて、export 記述がひとつでもあれば、そのファイルはモジュールファイルとして認識されます。そのモジュールファイル中で export 記述がないコードは、ファイルの外部には公開されません。ここまでは前項で解説した内容です。一方、export 記述がひとつもないコードは、その内容が全て公開コードとして認識され、基本的には実行対象とされます。

　そして、VS Code では、サブフォルダ内のファイルも含めて、同一フォルダ内の公開コードは、全て一続きのものとして扱われます（図11-5）。

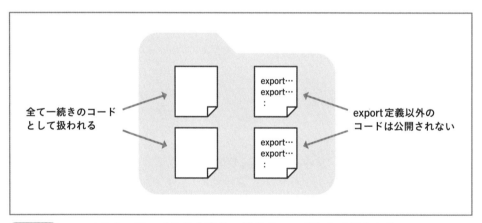

**図11-5** export のないファイルの内容は一続きのコードとして扱われる

　すなわち、公開コードは、そのコードが複数ファイルに分割されていても、VS Code にとっては、ひとつのファイル内のコードと同等の扱いとしてしまうのです。

　そこで、もし同じ chap03 フォルダ内の variables.ts ファイルと variables2.ts ファイルがあり、その両方で次のように同一の変数を宣言したとします。

```
const num = 35;
```

　別ファイル中の変数宣言ですので、特に問題ないように思えますが、variables.ts ファイルも variables2.ts ファイルも export 記述がないとしたら、これは同一ファイル内のコードとして認識され、結果、同一変数が2回宣言されていることになります。当然、これはエラーとなりますね。

　TypeScriptが対象としているようなモダンなアプリケーションでは、アプリケーションのフォルダ内には、実行用の.tsファイルをひとつ配置し、それ以外の定義コードはインポートして利用するようなコーディングが主流です。そのため、変数が重なるということはあり得ません。VS Codeでは、このコーディング方法を踏まえて、エラーを表示するようにしています。

　一方、これまで扱ってきたような練習サンプルでは、そのサンプルごとにフォルダを分けると面倒です。それを避けるために、ファイルの先頭にexport{}と、空のエクスポート定義を記述し、ファイル全体を非公開としています。これにより、ファイル間の関連がなくなり、変数が重なっても問題なく練習できるようになります。

　これが、これまでおまじないと説明してきたexport{}の本当の意味です。

　また、今回、サンプルごとに、module1、module2とフォルダを分けているのも、同じ理由であり、実行.tsファイルをフォルダ内にひとつだけにするためです。

---

**COLUMN　ts-node**

これまで行ってきたように、TypeScriptのコードはそのままでは実行できず、一度JavaScriptコードにコンパイルする必要があります。本書では、本来の仕組みを理解してもらうために、あえてこの手順を取ってきました。一方、Node.jsに直接TypeScriptファイルを読み込ませて実行できるパッケージとして、ts-nodeというものがあります。このパッケージは、次のコマンドでインストールできます。

```
> npm -g install ts-node
```

ts-nodeがインストールされていれば、次のコマンドのように直接.tsファイルを指定するだけで、コンパイルなしにTypeScriptコードが実行可能です。

```
> ts-node useModule.ts
```

---

**11**

モジュールについて理解する

---

● まとめ ●

● クラス以外にも、変数や関数などさまざまな定義がエクスポートできる。

● ひとつのモジュールファイルに複数のエクスポート定義を記述できる。

● 複数エクスポートのモジュールファイルをインポートする場合は、{　}内に必要な定義名を列挙する。

# 11-3

# インポートの
# バリエーションを知る

前節ではエクスポートのバリエーションを紹介したので、今度はインポートに視点を移し、インポートのバリエーションを紹介していきます。

## 11-3-1
## 別名の付け方を学ぼう

インポートした定義には、別名をつけることができます。サンプルコードを記述しながら紹介していきます。chap11フォルダ内にmodule3フォルダを作成し、その中にリスト11-5のuseModule2.tsファイルを作成してください。

> リスト11-5　chap11/module3/useModule2.ts

```
001    import {Greetings as Greet} from "../module1/Greetings";  ❶
002
003    const taro = new Greet("江口太郎");  ❷
004    taro.sayHello();
```

実行結果は、リスト11-2と同じです。

> note
>
> ここでは、リスト11-1のGreetings.tsファイルをインポートしています。そのため、ファイルパスが../module1のように、一旦上位フォルダを経由してのインポートになっています。本来、このような、上位階層をまたいでのインポートは、主従関係が逆転する可能性がありますのであまりお勧めしませんが、練習という観点から、また、再利用という観点から、インポートすることにしています。

ここで注目すべきは、インポートしたGreetingsクラスに別名としてGreetを付与しています。それが、リスト11-5の❶の赤字の記述です。このように、**as**を記述することで、インポートに別名をつけることができます。

また、別名でインポートした定義については、そのファイル中では、リスト11-5の❷のように、その別名で利用する必要があります。元の名前で利用しようとすると、図11-6のようにエラーとなるので注意してください。

**図11-6** 別名をつけた場合は元の名前は利用できない

### 11-3-2 一括インポートを学ぼう

リスト11-4で複数エクスポートのモジュールファイルをインポートする際、{ }内にそれぞれの定義名を記述していました。これを行わずに一括インポートする方法があります。こちらもサンプルコードを記述しながら紹介していきます。chap11フォルダ内にmodule4フォルダを作成し、その中にリスト11-6のuseCircles2.tsファイルを作成してください。なお、前項のGreetings.ts同様に、ここでもリスト11-3で作成したmodule2/Circles.tsをインポートして利用することにします。

**リスト11-6** chap11/module4/useCircles2.ts

```
001   import * as circles from "../module2/Circles";  ❶
002
003   const radius = 5;
004   const ans = circles.calcAreaOfCircle(radius, circles.PI);  ❷
005   console.log(`計算された結果: ${ans}`);
```

実行結果は、リスト11-4と同じです。

リスト11-6の❶の赤字の部分が、一括インポートの記述です。ポイントは、*です。これで「すべて」を表しますので、まとめてインポートできます。ただし、この場合は、asの後に必ずモジュールの別名をつける必要があります。*だけでは、図11-7のようにエラーとなるので注意してください。

```
chap11 > module4 > TS useCircles2.ts > ...
  1   import * from "../module2/Circles";
  2           import from
  3   const rad
  4   const ans  'as' が必要です。 ts(1005)        s.PI);
  5   console.l 問題の表示 (Alt+F8)  利用できるクイックフィックスはありません
  6
```

**図11-7** 一括インポートでは別名は必須

また、リスト11-6の❷の赤字の部分からもわかるように、一括インポートした場合は、それぞれの定義の前に「別名.」を付記して利用する必要があります。これも記述し忘れるとエラーとなるので注意してください。

### 11-3-3
## デフォルトエクスポートを学ぼう

最後にデフォルトエクスポートを紹介します。こちらは、名称からもわかるように、インポートのバリエーションであると同時に、エクスポートのバリエーションでもあります。

リスト11-1のように、エクスポートする定義がひとつのみの場合は、エクスポートの別記述として**default**キーワードが利用できます。実際にコーディングしてみましょう。chap11フォルダ内にmodule5フォルダを作成し、その中にリスト11-1のGreetings.tsファイルをファイルごとコピーしてください。その上で、リスト11-7の赤字の部分を追記してください。

> **リスト11-7** chap11/module5/Greetings.ts

```
001    export default class Greetings {
002        ～省略～
003    }
```

デフォルトエクスポートを記述するには、リスト11-7の赤字のように、exportに続けて、**default**を記述するだけです。

このようなデフォルトエクスポートを利用したモジュールファイルをインポートする場合、import文の記述方法も変わってきます。リスト11-2のuseModule.tsファイルを、同じくmodule5フォルダにファイルごとコピーしてください。その上で、リスト11-8の赤字の部分を変更してください。

> **リスト11-8** chap11/module5/useModule.ts

```
001    import Greet from "./Greetings";    ❶
002
003    const taro = new Greet("江口太郎");    ❷
004    taro.sayHello();
```

実行結果はリスト11-2と同じです。

デフォルトエクスポートのモジュールファイルをインポートする場合、これまでの方法のように{ }ブロックは記述できません。代わりに、リスト11-8の❶のように、importキーワードに続けて、直接Greetのような文字列を記述します。これは、インポートする定義の、このファイル内での名称となります。デフォルトエクスポートは無名としてエクスポートされるので、インポート側で必ず名前をつける必要があります。これは、別名とは違うので、asも不要です。

インポート側では、インポート時に指定した名称で扱われるので、モジュール内ではたとえGreetingsというクラス名でも、リスト11-8の❷のように、インポートした際の名称のGreetで利用していく必要があります。

ただし、次のコードのように、エクスポート側でつけられている本来のクラス名をつけてインポートしても、もちろんかまいません。

```
import Greetings from "./Greetings";
```

---

**COLUMN** **webpack**

このChapterで紹介しているモジュール機能を有効活用していくと、TypeScript／JavaScriptファイルが増えていきます。すなわち、コードの段階では、複数のファイルが依存した状態となっています。これらの依存関係をまとめて、ひとつのjsファイルを作成し、htmlファイルから読み込みやすいようにしてくれるツールとして、webpackというものがあります。

このwebpackには、さらに開発用サーバが用意されており、そちらを起動しておくとJavaScriptの変更をブラウザに即時反映させてくれます。もちろん、TypeScriptにも対応しており、SPAを含めてさまざまな開発現場で利用されています。

---

**11**

モジュールについて理解する

● ・ ま と め ・ ●

- インポートには **as** で別名がつけられる。
- **\*** を記述することで一括インポートが利用できる。
- 一括インポートでは必ず別名が必要となる。
- エクスポート定義がひとつのみの場合は、**default** キーワードを付与することで、デフォルトエクスポートが可能となる。
- デフォルトエクスポートは無名エクスポートとなるので、インポート側では必ず名前を付与する必要がある。

## 練 習 問 題

### 11-1 · · · · · · · · · · · · · · · · · · · · · · · · · · · · · · · · · · · · · · · · · · · · · · · · ·

**問1** Chapter 10の練習問題の問1で作成したDonutsクラスをエクスポートするモジュールファイルDonuts.tsをchap11/practice1フォルダに作成しましょう。

**問2** 問1で作成したDonutsクラスをインポートして、実行結果が次のようになるような実行コードが記述されたshowDonutsPrice.tsファイルを、chap11/practice1フォルダに作成しましょう。

実行結果

オールドファッションが3個で合計360円

### 11-2 · · · · · · · · · · · · · · · · · · · · · · · · · · · · · · · · · · · · · · · · · · · · · · · · ·

**問3** Chapter 10の練習問題の問5で作成したDonutsインターフェースと問6で作成したshowOrder()関数の両方をエクスポートするモジュールファイルDonuts2.tsをchap11/practice2フォルダに作成しましょう。

**問4** 問3で作成したDonutsインターフェースとshowOrder()関数をインポートした上で、Chapter 10の練習問題の問7と同様に、Donuts型のオブジェクトリテラルmyDonutsを記述し、それをshowOrder()に引数として渡し、次のような実行結果となるコードが記述されたshowDonutsPrice2.tsファイルを、chap11/practice2フォルダに作成しましょう。

実行結果

チョコファッションが2個で合計280円

### 11-3 · · · · · · · · · · · · · · · · · · · · · · · · · · · · · · · · · · · · · · · · · · · · · · · · ·

**問5** 問4と同じ結果となるshowDonutsPrice3.tsファイルを、chap11/practice3フォルダに作成しましょう。ただし、Donuts2.tsをインポートする際に、一括インポートの構文を利用します。

### 11-4 · · · · · · · · · · · · · · · · · · · · · · · · · · · · · · · · · · · · · · · · · · · · · · · · ·

**問6** 問1で作成したDonuts.tsを、デフォルトエクスポートに変更したコードが記述されたDonuts4.tsをchap11/practice4フォルダに作成しましょう。
また、同じく問2で作成したshowDonutsPrice.tsをDonuts4.tsをインポートするように変更したコードが記述されたshowDonutsPrice4.tsを、chap11/practice4フォルダに作成しましょう。

# 非同期通信アプリ
# ケーションを作る

TypeScriptを学ぶ本書も、いよいよ最後です。Chapter 11の章扉で
予告したように、このChapterでは、これまで学んだ内容を踏まえ
て、実践的なアプリケーションを作成します。もちろん、その中で
プラスアルファの部分も学んでいくことにします。

# Web APIと JSONを知る

このChapterで作成するアプリケーションは、一言で言うと、非同期で Web APIに接続してJSONデータを取得、解析、表示するものです。この一言の中に、本書では初出の用語が2つあります。そのうち、まず、Web APIの説明からしていきます。

## 12-1-1
## Web APIが何かを学ぼう

　Web APIは、ズバリ、Webから情報を取得できるサービスです。取得できるといっても、人間が取得するのではなく、アプリケーション上のプログラムが取得できるようにしたサービスです (図12-1)。

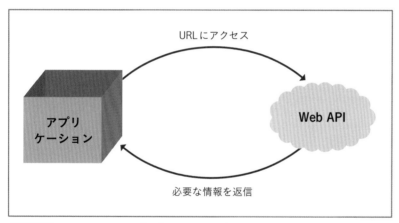

**図12-1** Web APIはアプリケーションがWebから情報を取得するサービス

　具体的に、このChapterで利用するWeb APIサービスを例に、紹介していきます。
　このChapterで利用するのは、**OpenWeather**というWeb APIサービスです。このサービスは、世界中の天気情報を提供しています。ある地点の現在の天気、過去の天気、天気予報など様々な情報を提供しており、それぞれの情報に対応するURLが定義されており、アプリケーションは、そのURLにアクセスすることで、その情報を取り出すことができるようになっています。有料でないと取得できない情報もありますが、無料枠もありますし、これから作成するアプリケーションでは、無料枠で充分です。

### 12-1-2
# OpenWeather の具体的な使い方を知ろう

もう少し具体的な話をしていきます。例えば、筆者が在住の姫路市の現在の天気情報を取得する場合は、次のURLとなります。

```
http://api.openweathermap.org/data/2.5/weather?lang=ja&q=Himeji&appid=xxxxxxx
```

URLの末尾の？以降に、lang=jaのような記述が続いています。このような記述のことを**クエリパラメータ**といい、URLの先で動作するプログラムに対して、取得するデータの条件を渡しています。

クエリパラメータは、=の左側がパラメータ名、右側が値となっています。となると、先のURLには次の3個のクエリパラメータが付与されていることになります。

### ・lang

取得する天気情報の言語を指定します。値をjaとすることで、あくまで部分的ではありますが、日本語表記になります。

### ・q

取得する天気情報の都市名をアルファベット表記で指定します。上記URLのように、この値をHimejiとすることで、姫路市の天気になります。もちろん、Kobeとすると神戸、Yokohamaとすると横浜になります。

### ・appid

OpenWeatherを利用する場合、たとえ無料枠でも、事前にユーザー登録を行い、APIキーという個人を特定する文字列を取得する必要があります。その文字列をこのappidの値として、=の右側に記述します。これはあくまで各個人に割り当てられる文字列のため、上記例、および、今後のサンプル中でも「xxxxxxx」と省略した表記にします。

### 12-1-3
# OpenWeather の利用準備を行おう

読者の皆さんがこれからのコーディングに際して、appidの値として記述する文字列は、各個人が取得したものを利用することになります。その準備をしていきましょう。

まずは、OpenWeatherへのユーザー登録です。OpenWeatherのサイトを訪れてください。URLは次の通りです。

```
https://openweathermap.org/
```

すると図12-2の画面が表示されます。

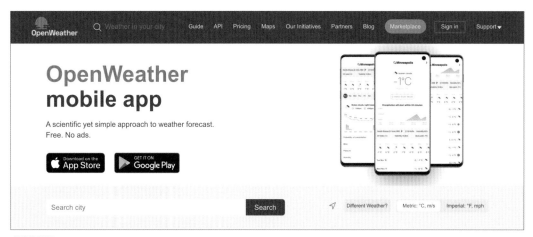

**図12-2** OpenWeather の TOP 画面

　右上の［Sing in］のリンクをクリックすると、図12-3の画面が表示されます。

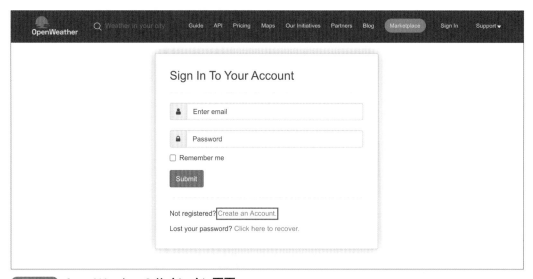

**図12-3** OpenWeather のサインイン画面

　下部にある［Create an Account］をクリックしてください。すると、図12-4の画面が表示されます。

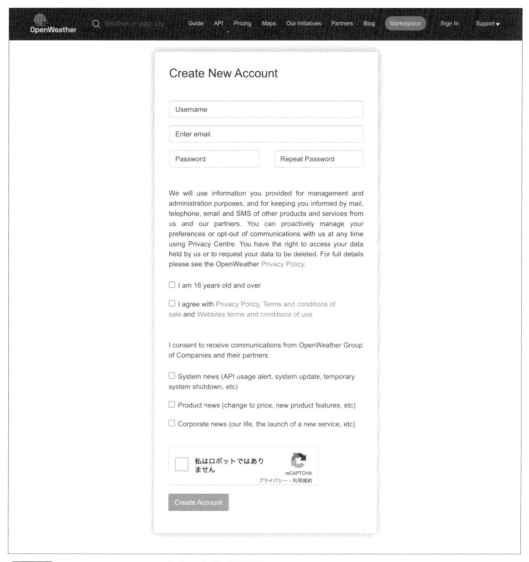

**図12-4** OpenWeather のアカウント作成画面

　この画面に必要事項を入力の上、[Create Account] をクリックしてください。その後、送信されてきたメールの指示に従って、認証を完了させてください。無事アカウントが作成され、図12-5のようなAPIキーが記載されたメールが送信されてきます。

Dear Customer!

Thank you for subscribing to Free OpenWeatherMap!

API key:
- Your API key is ▓▓▓▓▓▓▓▓▓▓▓▓▓▓▓▓▓▓▓
- Within the next couple of hours, it will be activated and ready to use
- You can later create more API keys on your account page
- Please, always use your API key in each API call

**図12-5** APIキーが記載されたメール本文

　この記載のAPIキーを、以降、ソースコードなどにコピー＆ペーストして利用してください。なお、このAPIキーは、サイトにログインすることでいつでも確認できます。図12-3のサインイン画面からサインイン後、My API keysメニューで表示される画面に記載されています（図12-6）。

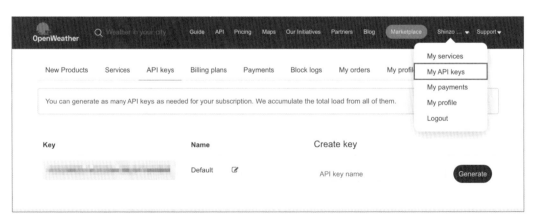

**図12-6** APIキーを確認できる画面

## 12-1-4
# OpenWeather を利用してみよう

APIキーが取得できたところで、実際に先のURLのxxxxxxxの部分にAPIキーを付与した状態で、ブラウザからアクセスしてみてください。すると、次のような文字列が表示されます。

{"coord":{"lon":134.7,"lat":34.8167},"weather":[{"id":500,"main":"Rain","description":"小雨","icon":"10n"}],"base":"stations","main":{"temp":290.72,"feels_like":290.99,"temp_min":287.59,"temp_max":293.15,"pressure":1013,"humidity":94},"visibility":10000,"wind":{"speed":2.06,"deg":80},"rain":{"1h":0.44},"clouds":{"all":90},"dt":1621093646,"sys":{"type":1,"id":7962,"country":"JP","sunrise":1621108657,"sunset":1621159062},"timezone":32400,"id":1862627,"name":"姫路市","cod":200}

これは、原稿執筆時点の姫路市の天気情報を表したJSONデータです。

多くのWeb APIは、このようなJSON形式でデータ提供を行っています。このままでは見にくいです。これを整形すると、次のような記述になります。

**リスト12-1** OpenWeatherの天気情報JSONデータ（weatherInfoJSON）

```
001  {
002      coord: {
003          lon: 134.7,      ❶
004          lat: 34.8167     ❷
005      },
006      weather: [
007          {
008              id: 804,
009              main: "Clouds",
010              description: "厚い雲",   ❸
011              icon: "04n"
012          }
013      ],
014      base: "stations",
015      main: {
016          temp: 290.75,
017          feels_like: 291.18,
018          temp_min: 287.59,
019          temp_max: 293.71,
020          pressure: 1013,
021          humidity: 100
022      },
023      〜省略〜
024      timezone: 32400,
025      id: 1862627,
026      name: "姫路市",   ❹
027      cod: 200
028  }
```

**12-1-5**
# JSONデータを理解しよう

　次に、そのJSONデータを見ていきます。JSONデータが何かについては、6-2-8項の
COLUMNで紹介しています。その繰り返しになりますが、JavaScriptのオブジェクトリテラル
の記述方法をそのまま採用し、それを文字列データとしたものです。リスト12-1の整形後の
JSONデータ（weatherInfoJSON）を見ると、少々複雑ですが、まさにオブジェクトリテラルに
なっているのがわかります。

　Web APIから取得するデータが、オブジェクトリテラルと同じ形式ということから、
JavaScript、および、そのJavaScriptをベースにしたTypeScriptと非常に相性がよいことがす
ぐに理解できるでしょう。

　このJSONデータの各値の意味、詳細については、公式ドキュメントに譲りますが、この
Chapterで作成するアプリケーションでは、❶の経度、❷の緯度、❸の天気情報、❹の都市名を
利用することにします。

> **note**
>
> 詳細を確認できる公式ドキュメントは、次のURLです。
>
> ```
> https://openweathermap.org/current
> ```
>
> また、OpenWeatherは、様々な天気情報を提供しています。どのような情報をどのような
> パラメータで取得できるのかのドキュメント（APIドキュメント）のURLは次の通りです。
>
> ```
> https://openweathermap.org/api
> ```

　以下、該当箇所を抜き出しながら、具体的に見ていきましょう。ただし、わかりやすいものか
ら説明しますので、順序は前後します。

**・❹の都市名**
次のように、単にnameプロパティの値です。

```
name: "姫路市",　❹
```

**・❷と❶の緯度経度情報**
次のように、ひとつのオブジェクトとしてまとめられ、coordプロパティとなっています。

```
coord: {
  lon: 134.7,  ❶
  lat: 34.8167 ❷
},
```

　すなわち、coordプロパティで取得できるオブジェクトのlonプロパティが❶の経度の値、lat
プロパティが❷の緯度の値ということになります。

**・❸の天気情報**

次のように、weather プロパティの中にあります。

```
weather: [
  {
    id: 804,
    main: "Clouds",
    description: "厚い雲",   ❸
    icon: "04n"
  }
],
```

ただし、weather プロパティ自体が [ ] と、配列となっています。そのひとつめ（インデックス0）のオブジェクト内の description プロパティが、天気情報の値です。

---

**COLUMN** **Vite**

11-3節末でwebpackを紹介しました。このwebpackの欠点は、開発段階でコードを変更した際、その変更をブラウザに反映する速度が遅いことです。その欠点を改善するために全く新しく開発されたツールが、Vite です。Vite は、フランス語で「速い」という意味で、「ヴィート」と発音します。その名称の通り、コードの反映の速さを実現したツールです。さらにこのViteは、10-1節末のコラムで紹介したSPAフレームワークのひとつであるVueの開発者Evan You が開発したこともあり、Vueアプリケーションの開発では必須のツールとなっています。

---

**12**

**非同期通信アプリケーションを作る**

● **まとめ** ●

○ **Web API は、プログラムがある URL にアクセスすることで、様々な情報を取得できるようにしたサービス。**

○ **Web API の URL には、クエリパラメータを付与してアクセスすることが多い。**

○ **Web API では、具体的な情報は、JSON 形式で提供していることが多い。**

# 12-2 アプリケーションの大枠を作成する

予備知識の習得やAPIキーの取得などの準備が整ったので、実際にアプリケーションを作成していきましょう。

###  12-2-1 アプリケーションの概要を知ろう

このChapterで作成するアプリケーションの概要を図にすると、図12-7となります。

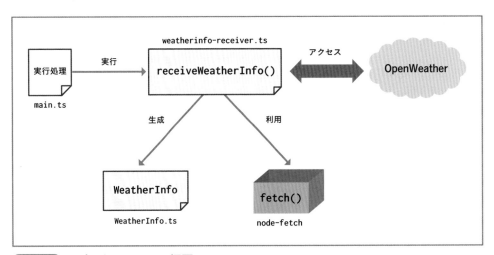

図12-7　アプリケーションの概要

作成するファイルは次の3個です。

● main.ts

実行処理が書かれたファイルです。weatherinfo-receiver.tsに記述されたreceiveWeatherInfo()関数を実行し、その戻り値に含まれた天気情報を表示させます。

● weatherinfo-receiver.ts

実際にOpenWeatherにアクセスし、リスト12-1の天気情報JSON（weatherInfoJSON）を取得するreceiveWeatherInfo()関数が記述されたファイルです。receiveWeatherInfo()関数は、引数としてアクセス先URLを受け取ります。関数内では、OpenWeatherへのアクセス後、

WeatherInfoクラスをnewし、取得したweatherInfoJSONを格納した上で、リターンします。

● WeatherInfo.ts

WeatherInfoクラスが記述されたファイルです。WeatherInfoはひとつの天気情報JSON
（weatherInfoJSON）を格納できるクラスとして設計し、そのweatherInfoJSONから、緯度経
度情報、天気情報、都市名を切り出し、ゲッタの形でプロパティ化するようにします。

### 12-2-2
# node-fetchの準備をしよう

図12-7には、これまでの説明で登場していない構成要員として、**node-fetch**というものがあ
ります。具体的には実際のコーディングにおいて解説しますが、receiveWeatherInfo()関数内
で実際にOpenWeatherにアクセスする場合は、JavaScriptの組み込み関数である **fetch()** を利
用します。このfetch()関数は、ブラウザには標準で組み込まれているのですが、本書の
TypeScript（がコンパイルされたJavaScript）の実行基盤として利用しているNode.jsには、標
準で組み込まれていません。そのため、外部ライブラリとして用意する必要があります。

次に、その準備を行いましょう。まず、フォルダの準備です。Chapterが変わったので、この
Chapter用のフォルダとして、ITBasicTypeScriptフォルダ内にchap12フォルダを作成します。

次に、このchap12フォルダ上で次のコマンドを実行してください。

```
> npm install node-fetch@2
```

すると、chap12フォルダ内には、図12-8のように、node_modulesフォルダと、package.
jsonファイル、package-lock.jsonファイルが作成されています。

```
∨ chap12
  > node_modules
  {} package-lock.json
  {} package.json
```

**図12-8** コマンドによって作成されたフォルダとファイル

> note
>
> 環境によっては、package.jsonファイルが作成されていない場合もありますが、ここで作
> 成するアプリケーションでは、なくても特に問題はありません。

npm installコマンドに関しては、TypeScriptのインストールの際に、1-3-5項や1-4-5項で
実行しています。その際は、-gオプションが付与されていました。このgはGlobal（グローバル）
の略で、作成するアプリケーションに関係なく、PC全体にインストールする意味を表します。
一方、このオプションを付与しない場合、該当フォルダに対してのみパッケージをインストール
することを意味します。これを、**ローカル**といいます。

12 非同期通信アプリケーションを作る

今回のnode-fetchパッケージは、chap12フォルダ内のアプリケーションのみに必要ですので、-gを付与せずに、そのままinstallを実行しています。

すると、node_modulesフォルダとファイルが2個作成されます。**node_modules**フォルダ内には、ダウンロードされたパッケージ類が格納されます。一方、2個のファイルのうち、package.jsonファイルには、現在このアプリケーション（つまりchap12フォルダ内）で必要なパッケージとそのバージョン情報が記述されます。もう片方のpackage-lock.jsonファイルには、さらに詳細な、依存関係も含めたパッケージ情報が記載されています。

現段階では、特にこれらの内容を確認したり、記述を変更したりといった必要はありません。

> note
>
> node-fetchをインストールするコマンド末尾の@2について、補足しておきます。
> node-fetchには、バージョン3系列とバージョン2系列があります。@2という記述は、このうちの2系列の最新バージョンをインストールする、という意味です。この@2を記述せずに、次のコマンドを利用すると、最新の3系列がインストールされます。
>
> ```
> > npm install node-fetch
> ```
>
> もちろん、3系列の方が最新ですが、3系列を利用する場合のコードは、本書の範囲を超えます。単にfetch()関数の利用だけならば、2系列で問題なく、しかも、コーディングが簡単です。そのため、ここでは、あえて、2系列をインストールしています。

もうひとつパッケージをインストールしておく必要があります。そのため、同じく、chap12フォルダ上で次のコマンドを実行してください。

```
> npm install --save-dev @types/node
```

上記コマンドでは、新たなオプションが登場しています。この **--save-dev** というのは、開発環境でのみ必要なパッケージであることを明示するためのオプションであり、このように明示することで、実行環境には含めないようにpackage.jsonファイルやpackage-lock.jsonファイルに記録されます。

ここで導入したパッケージは、node-fetchをTypeScriptで利用するにあたって、必要なデータ型情報が含まれたものです。このパッケージがないと、これからコーディングするTypeScriptコードをうまくコンパイルできず、エラーとなります。一方、一度コンパイルされたJavaScriptコードには不要なものですので、実行環境に含める必要はありません。そのための、--save-devオプションです。

> note
>
> TypeScriptのデータ型を記述したファイルのことを、型定義ファイルといい、拡張子は.d.tsとします。そして、JavaScriptの有名なライブラリは、TypeScriptからも利用しやすいように、このような型定義ファイルを用意してくれています。上でインストールした@types/nodeは、その名称の通り、Node.js用の型定義ファイルのことです。

### 12-2-3
# main.tsの基本部分をコーディングしよう

　準備が整ったので、実際にコーディングしていきましょう。まずは、main.tsの基本的な部分として、receiveWeatherInfo()関数を実行するところまで記述します。これは、リスト12-2のようになります。❷以外は特に新しいことはありませんので、コメントを頼りにコーディングしてください。なお、この時点で実行すると、weatherinfo-receiver.tsファイルが作成されていませんので、インポート部分でエラーとなりますが、気にせずに進めてください。

**リスト12-2** chap12/main.ts

```
001  //receiveWeatherInfo関数をインポート。
002  import {receiveWeatherInfo} from "./weatherinfo-receiver";
003
004  //アクセス先URLの基本部分の変数を用意。
005  const weatherinfoUrl = "http://api.openweathermap.org/data/2.5/weather";
006  //クエリパラメータの元データとなるオブジェクトリテラルを用意。
007  const params:{
008      lang: string,
009      q: string,
010      appId: string
011  } =
012  {
013      //言語設定のクエリパラメータ
014      lang: "ja",
015      //都市名を表すクエリパラメータ。
016      q: "Himeji",
017      //APIキーのクエリパラメータ。ここに各自の文字列を記述する!!
018      appId: "xxxxxxx"
019  }                                                            ❶
020  //クエリパラメータを生成。
021  const queryParams = new URLSearchParams(params);   ❷
022  //実際にアクセスするURLを生成。
023  const urlFull = `${weatherinfoUrl}?${queryParams}`;   ❸
024  //receiveWeatherInfo関数を実行。
025  receiveWeatherInfo(urlFull);
```

　ここで、リスト12-2の❷について、補足しておきます。ここで登場した**URLSearchParams**クラスは、クエリ文字列を生成してくれるクラスです。このクラスをnewする際に、引数としてクエリ文字列の元データとなるオブジェクトリテラルを渡します。そのオブジェクトリテラルを生成しているのが、リスト12-2の❶です。ここでは、型情報も含めて、10-2-6項で紹介したオブジェクト型リテラルの形で記載しています。そのURLSearchParamsをnewしたオブジェクトであるqueryParamsを、❸のように、?に続けて記載することで、クエリパラメータが付記されたURLを生成してくれます。

### 12-2-4
# WeatherInfo.tsを作成しよう

リスト12-2のweatherinfo-receiverのインポートエラーが気になるところですが、先に、WeatherInfo.tsを作成しておきましょう。というのは、こちらの方が、初出の内容がなく、全て復習として作成できるからです。これは、リスト12-3のようになります。なお、こちらも、❶と❷の部分でWeatherInfoJSONが見つからず、エラーとなりますが、こちらは、この後すぐにコーディングします。

**リスト12-3**　chap12/WeatherInfo.ts

```
001  //天気情報を表すクラス。
002  export class WeatherInfo {
003      //天気情報JSONデータオブジェクト。
004      private _weatherInfoJSON: WeatherInfoJSON;  ❶
005
006      //コンストラクタ。
007      constructor(weatherInfoJSON: WeatherInfoJSON) {  ❷
008          this._weatherInfoJSON = weatherInfoJSON;
009      }
010
011      //都市名を得るゲッタ。
012      get cityName() {  ❸
013          return this._weatherInfoJSON.name;  ❹
014      }
015      //緯度情報を得るゲッタ。
016      get latitude() {  ❺
017          const coord = this._weatherInfoJSON.coord;  ❻
018          return coord.lat;  ❼
019      }
020      //経度情報を得るゲッタ。
021      get longitude() {  ❽
022          const coord = this._weatherInfoJSON.coord;  ❾
023          return coord.lon;  ❿
024      }
025      //天気情報を得るゲッタ。
026      get weatherDesc() {  ⓫
027          const weatherArray = this._weatherInfoJSON.weather;  ⓬
028          const weather = weatherArray[0];  ⓭
029          return weather.description;  ⓮
030      }
031  }
```

12-2-1項で解説した通り、このクラスは、ひとつの天気情報JSON（weatherInfoJSON）を格納できるクラスです。そのため、まず、リスト12-3の❶のように、weatherInfoJSONを

privateプロパティとして用意し、❷のコンストラクタで、その値を受け取るようにしています。

その後、❸、❺、❽、⓫の各ゲッタでは、このJSONオブジェクトを解析し、データを取得、リターンするようにしています。この解析方法は、まさに12-1-5項でJSONデータの解析を行ったのと同じ方法です。

以下、順に解説します（図12-9）。

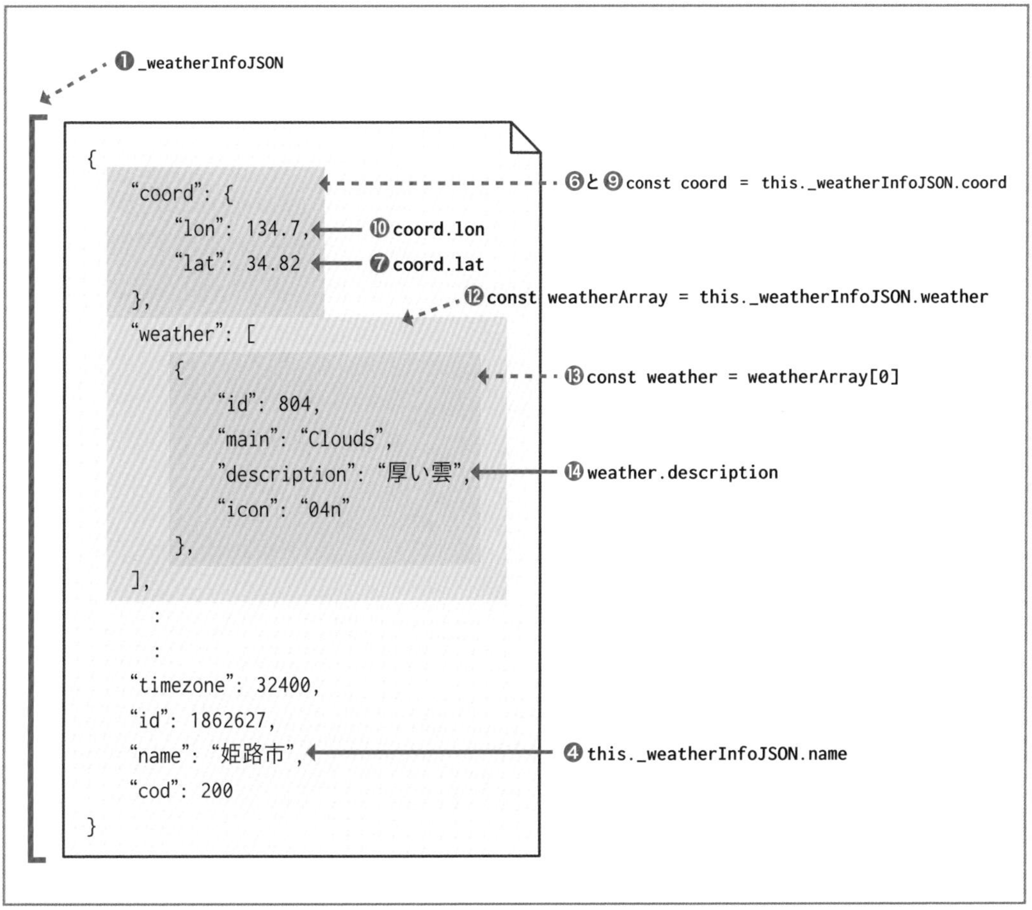

❶ _weatherInfoJSON

```
{
    "coord": {                    ←  ❻と❾ const coord = this._weatherInfoJSON.coord
        "lon": 134.7,             ←  ❿ coord.lon
        "lat": 34.82              ←  ❼ coord.lat
    },                            ←  ⓬ const weatherArray = this._weatherInfoJSON.weather
    "weather": [
        {                         ←  ⓭ const weather = weatherArray[0]
            "id": 804,
            "main": "Clouds",
            "description": "厚い雲",  ←  ⓮ weather.description
            "icon": "04n"
        },
    ],
        :
        :
    "timezone": 32400,
    "id": 1862627,
    "name": "姫路市",            ←  ❹ this._weatherInfoJSON.name
    "cod": 200
}
```

**図12-9** JSONデータと取得コードの関係

### ・都市名のゲッタ

単にnameプロパティを取得すればよいので、❹のように、.nameとします。

### ・緯度経度情報のゲッタ

12-1-5項の解説のように、ひとつのオブジェクトとしてまとめられ、coordプロパティとなっているので、それをまず取得しているのが、❻や❾です。その後、そのcoordオブジェクトに対して、.latとして緯度情報を取得しているのが❼、同様に、.lonとして経度情報を取得しているのが❿です。

・天気情報のゲッタ

これも、12-1-5項で解説した通り、weather プロパティ自体が配列となっています。それを取得しているのが⑫で、weatherArray としています。このインデックス0を取得しているのが、⑬のであり、取得したひとつめのオブジェクトが、weather です。このプロパティdescription の値を取得することで、天気情報を取得できます。それが、⑭です。

**12-2-5**

# WeatherInfo.ts に weatherInfoJSON のデータ型を追記しよう

現段階では、リスト12-3の❶と❷でエラーとなっています。これは、weatherInfoJSON のデータ型を表す WeatherInfoJSON が存在しないからです。weatherInfoJSON は、そもそもオブジェクトです。そのオブジェクトにデータ型を当てはめるためのものが、WeatherInfoJSON であり、これは、10-2-2項で学んだインターフェースを使います。早速、WeatherInfo.ts に WeatherInfoJSON インターフェースを追記しましょう。これは、リスト 12-4のようになります。なお、このインターフェースは、モジュール外部に公開する必要がないので、exportは記述しません。

**リスト12-4** chap12/WeatherInfo.ts

```
001  export class WeatherInfo {
002      ～省略～
003  }
004
005  //天気情報JSONのデータ形式を定義したインターフェース。
006  interface WeatherInfoJSON {
007      coord:
008          {
009              lon: number,
010              lat: number
011          },
012      weather: {id: number, main: string, description: string, icon: string}[],  ❶
013      base: string,
014      main:
015          {
016          temp: number,
017          feels_like: number,
018          temp_min: number,
019          temp_max: number,
020          pressure: number,
021          humidity: number
022          },
023      visibility: number,
024      wind:
```

```
025        {
026            speed: number,
027            deg: number
028        },
029    clouds:
030        {
031            all: number
032        },
033    dt: number,
034    sys:
035        {
036            type: number,
037            id: number,
038            country: string,
039            sunrise: number,
040            sunset: number
041        },
042    timezone: number,
043    id: number,
044    name: string,
045    cod: number
046  }
```

> **note**
> リスト12-4のインターフェースをコーディングする際、そのままコーディングすると、プ
> ロパティ名の記述ミスが多々発生します。そこで、12-1-4項で天気情報をブラウザ上に表
> 示させたJSONデータを、ブラウザからそのままVS Code上にコピー&ペーストして、実際
> に値が記述された部分をリスト12-4のようにデータ型に変更する方法が確実です。

**12**

特に説明の必要はなく、OpenWeatherから取得できるJSONデータを、そのままインター
フェース化したものです。ただ、❶に関して補足しておきます。先述のように、weatherプロ
パティは、各要素がオブジェクトの配列です。その場合のデータ型の記述は、❶のように、オブ
ジェクトのデータ型を記述した上で、[]と記述します。

これで、リスト12-3の❶や❷のエラーはなくなりました。

非同期通信アプリケーションを作る

note

なお、今回のサンプルでは、天気情報JSONのデータ形式をインターフェースで定義していますが、Web APIによっては、そもそも、JSONのデータ形式がアクセスしてきた条件によって変わる場合があります。そのような場合は、ここで利用した方式は使えませんので、データ型としてanyとするしかありません。このanyは、どんなデータ型でも、という意味です。これを利用すると、リスト12-3の❶や❷は次のコードとなります。

```
export class WeatherInfo {
    private _weatherInfoJSON: any;
    constructor(weatherInfoJSON: any) {
        this._weatherInfoJSON = weatherInfoJSON;
    }
        :
}
```

anyを利用すると、TypeScriptの型安全や入力補完が利用できなくなりますので、本来避けるべき記述ですが、このような場合は仕方がないでしょう。

• ま と め •

- Node.js上でfetch関数を利用したい場合は、node-fetchパッケージをインストールする必要がある。

- TypeScriptでnode-fetchを利用する場合は、開発環境用として@types/node-fetchパッケージをインストールしておく必要がある。

- JSONオブジェクトからデータを取り出す場合は、.によるプロパティアクセスでよい。

- Web APIで取得するJSONオブジェクトをTypeScriptで扱う場合は、そのデータ型を記述したインターフェースを用意する。

# 12-3
# 非同期処理と Webアクセスを知る

かなりの部分が完成してきましたが、まだ、main.tsにエラーがあります。一番肝心のweatherinfo-receiver.tsを作成していないからです。最後に、このweatherinfo-receiver.tsを作成し、それに合わせて、main.tsの続きの部分を作成し、完成させることにします。

## 12-3-1
## 非同期処理が何かを理解しよう

早速、weatherinfo-receiver.tsのコーディングを行いたいところですが、その前に理解しておかないといけないことがあります。それは、**非同期処理**です。これまでのコーディングでの処理は、全て、**同期処理**です。同期と非同期、どういう違いがあるのでしょうか。図12-10を見てください。

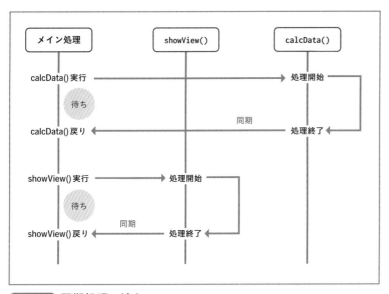

**図12-10** 同期処理の流れ

例えば、メイン処理があるとします。今回作成しているアプリケーションでは、main.tsが該当します。そこから、例えば、calcData()関数を実行したとします。すると、処理は、この関数に移ります。その間、実は、メイン処理は何も処理を実行せずに、ずっと待ったままとなるのです。calcData()関数の処理が終了し、メイン処理に処理が戻ってきて初めて、続きの処理が行われます。showView()についても同様です。

このような処理の流れを、**同期処理**といいます。呼び出した先の関数やメソッドの処理の戻りと、メイン処理の処理再開が同期しているのです。同期処理の方が、処理の流れが把握しやすいため、プログラミングでは、同期処理が通常のコーディングです。これまでのサンプルは、全て同期処理です。

ここで、もしこのcalcData()が非常に時間がかかるような処理、あるいはエラーの可能性が多々あり、途中で処理が止まってしまう可能性があるような処理だとします。そうすると、メイン処理は、calcData()からの戻りが延々ない状態が続き、次のshowView()の実行に移れなくなります。この状態を避けるための方法が、**非同期処理**です（図12-11）。

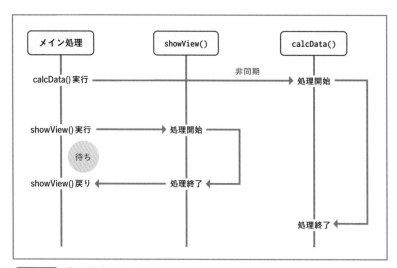

**図12-11** 非同期処理の流れ

非同期処理で関数やメソッドを開始した場合、その処理の戻りを待つ必要がなくなります。メイン処理はすぐに次の処理、例えば、showView()の実行に移れます。非同期で呼び出された処理、例えば、calcData()は、メイン処理とは別枠で処理をそのまま続行できることになります。

そして、TypeScript（とその元になるJavaScript）が活躍する世界では、このような非同期で行う必要がある処理が多々あり、そのための構文が用意されています。これからコーディングしていく、Web APIにアクセスするという処理は、まさに、時間がかかる、いつ終わるかわからない、エラーの可能性がある処理のため、非同期処理で行うのが鉄則となっています。

 **12-3-2**
# weatherinfo-receiver.tsをコーディングしよう ‥‥‥‥

非同期処理の概要を理解したところで、実際に、weatherinfo-receiver.tsをコーディングしましょう。これは、リスト12-5のようになります。

**リスト12-5** chap12/weatherinfo-receiver.ts

```
001    //node-fetchをfetchとしてインポート。
002    import fetch from "node-fetch"; ❶
```

```
003    //WeatherInfoクラスをインポート。
004    import {WeatherInfo} from "./WeatherInfo";
005
006    //非同期で天気情報を取得する関数。
007    export async function receiveWeatherInfo(url: string): Promise<WeatherInfo> {  ❷
008        //URLに非同期でアクセスしてデータを取得。
009        const response = await fetch(url);   ❸
010        //取得したデータを非同期でJSONに変換。
011        const weatherInfoJSON = await response.json();   ❹
012        //WeatherInfoオブジェクトを生成、リターン。
013        const weatherInfo = new WeatherInfo(weatherInfoJSON);
014        return weatherInfo;                                          ❺
015    }
```

　これ以降、このリスト12-5を題材に、様々なテーマを紹介していきます。ただ、それぞれの
テーマごとに、ひとつのChapterになるほどの内容を含んでいます。ここでは、あくまでアプリ
リケーションを完成させることを目指して、さらっと紹介する程度に留めることをご了承くださ
い。

### 12-3-3
# fetch の使い方を知ろう

　リスト12-5のコードで中心的な役割をしているのが❸の **fetch()** です。これは、12-2-2項で
軽く紹介したように、Webにアクセスしてデータを取得してくれる関数です。ただし、Node.js
で実行する場合は、node-fetchパッケージが必要であり、それを事前にインポートしておく必
要があります。それが、❶です。なお、node-fetchのように、npmでインストールしたパッケー
ジの場合は、単にパッケージ名を記述すればよく、./のようなパス表示は不要です。また、
node-fetchはexport default形式でエクスポートされているので、❶のようなインポート記述
になり、これでnode-fetchモジュールで定義された機能をfetchという名前で利用できるよう
になります。また、ブラウザでのfetch関数と同じ名称にしておくとコーディングの統一感が図
れます。

　そのfetch()関数を利用する場合は、引数としてアクセス先のURLを渡します。それだけで
自動でそのURLにアクセスし、結果を取得してくれます。

> **note**
>
> 本書の範囲を超えるので割愛しますが、fetch()関数は、第2引数として、オブジェクトを
> 受け取り、そのプロパティに様々な設定を行うことで、POSTアクセスなど、様々なWeb
> アクセス方法が可能です。

### 12-3-4
# await の役割を知ろう

　リスト12-5の❸では、receiveWeatherInfo()関数の引数として受け取ったURLにアクセス

し、その結果を取得しています。その結果がresponseですが、その前に、見慣れないキーワードがあります。**await**です。

awaitは、その処理が終了するまで、次の処理にすぐに移行しないためのキーワードです。12-3-1項で説明したように、Webにアクセスしてデータを取得する処理というのは、非同期で行う必要があります。そのことを踏まえて、実は、fetch()関数は、そもそも、非同期で処理が行われるように組み込まれています。ということは、例えば、❸と❹を次のように記述をしたとします。

```
const response = fetch(url);
const weatherInfoJSON = response.json();
```

この処理内容を図にすると、図12-12のようになります。

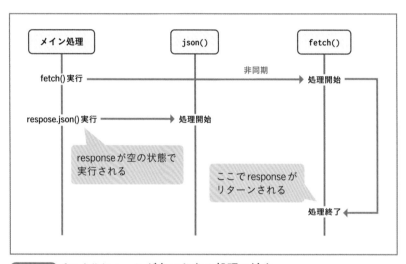

**図12-12** fetch()にawaitがないときの処理の流れ

この場合、fetch()の結果を待たずに次の処理に移るため、response.json()がすぐに実行されてしまうことになります。

> **note**
>
> 実際には、fetch()の戻り値は、後述のPromiseオブジェクトとなっており、先のコードのように、単純に戻り値responseを利用できません。ここでは、あくまでawaitのイメージを掴んでもらうための疑似的な説明に留めることをご了承ください。

タイミングよくresponseが取得できていれば、この処理は問題なく実行できるでしょうが、ほとんどの場合、responseを取得する前に実行されてしまい、結果、responseの中身が空の状態で実行されることになり、エラーとなります。

これが、非同期処理を行う場合の問題であり、確かに、Webアクセスなど、非同期で処理を行う方が安全ではある一方で、非同期で行った処理結果を、やはり待たないといけない場合というのも出てきます。今回の例でいれば、responseの取得を待たずに先に進められる場合ならばいいのですが、リスト12-5では、responseの結果を取得したのちに、それに対して、json()

を実行する必要があります。その際に、awaitキーワードを付与することで、非同期なのにもかかわらず、その処理が終了するのを待つ、ということが可能となります（図12-13）。

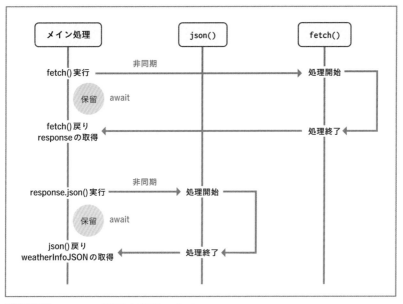

**図12-13** await で処理を保留できる

リスト12-5では、❹の json() の実行にも await が付与されています。このjson()メソッドは、Webから取得してきた結果がJSONデータの場合、そのデータを解析した上で、JavaScriptのオブジェクトとへと変換してくれるメソッドです。ただし、この処理も非同期で行われます。そのために、awaitを付与し、次のWeatherInfoクラスのnewの処理、つまり、WeatherInfoオブジェクトの生成処理へすぐに移行しないようにしているのです。無事、JSONオブジェクトへの変換が終了した上で、WeatherInfoの生成、リターンを行うようにしています。それが、❺です。

### 12-3-5
## asyncの役割を知ろう

ここで、そのような非同期処理が記述されたreceiveWeatherInfo()関数の、シグネチャである❷に注目してみましょう。ここにも初出のキーワードとして、**async**が付記されています。実は、非同期処理が記述された関数やメソッドは、async キーワードを付記することになっています。

そして、もうひとつお約束ごとがあり、それが戻り値です。リスト12-5の❺でWeatherInfoオブジェクトをリターンしています。にもかかわらず、❷に記述された戻り値の型は、WeatherInfo ではなく、Promise<WeatherInfo>となっています。async キーワードが付与された関数、つまり非同期処理関数の戻り値は、自動的に **Promise** オブジェクトとなるような仕組みとなっています。

ただし、関数内の本来の戻り値、例えば、リスト12-5 ではWeatherInfoオブジェクトも戻り値とする必要があります。そのため、Promise オブジェクトは、本来の戻り値を内部に格納し

た状態で、自動的に生成されます。

このPromiseオブジェクトの内部に格納される本来の戻り値は、もちろん関数の記述によって様々です。そのため、関数を作成する際に、関数内本来の戻り値の型を指定する必要が出てきます。それが、Promise<WeatherInfo>の<WeatherInfo>の部分です。この < > の記述のことを、**ジェネリクス**といい、あるオブジェクトの中の構成要素のデータ型を後から指定できる仕組みとなっています。そして、Promiseは、本来の戻り値の型を、このジェネリクスとして指定することになっています（図12-14）。

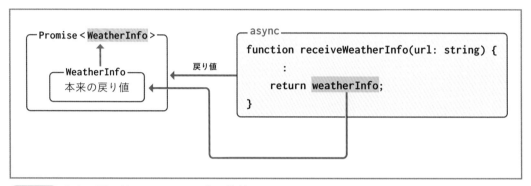

**図12-14** 本来の戻り値はPromiseの中に格納される

 ### 12-3-6
# Promiseオブジェクトの使い方を知ろう ・・・・・・・・・・・・

では、そのPromiseオブジェクトの使い方、本来の戻り値の取得方法を説明していきます。

もう一度、receiveWeatherInfo()関数の非同期処理の処理の流れを図にしてみます（図12-15）。

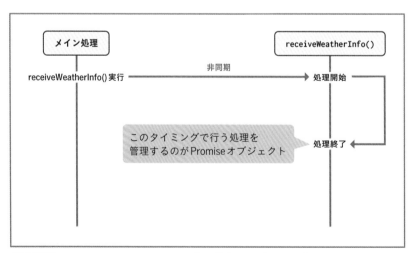

**図12-15** receiveWeatherInfo()の非同期処理の処理の流れ

メイン処理からreceiveWeatherInfo()関数を実行します。この実行は非同期です。そのためのasyncです。となると、メイン処理は、receiveWeatherInfo()関数の処理終了を待たなくな

ります。これは裏を返せば、例えば非同期で取得したデータの表示など、本来メイン処理で行う処理を、非同期処理終了時に行うことができないことを意味します。非同期処理の終了をメイン処理が検知できないからです。そこで、登場するのが Promise です。**Promise** は、その非同期処理終了時に行う処理をまとめて管理してくれるオブジェクトとなっています。そのため、非同期処理関数は必ず Promise オブジェクトを戻り値とする必要があり、メイン処理は、その戻り値である Promise オブジェクトを受け取り、非同期処理終了時に行う処理を、その Promise オブジェクトに登録できるようになっています。

しかも、非同期処理がいつも成功するとは限りません。例えば、Web アクセスの場合は、ネットワークエラーやアクセス先サーバエラーなどの可能性もあります。そのような失敗の場合も想定し、成功した場合の処理、失敗した場合の処理、それぞれを登録できるようになっています。

### 12-3-7
# main.ts に追記して Promise の使い方を学ぼう

そのような Promise オブジェクトへの処理の登録方法を、実際に main.ts に追記しながら学んでいくことにしましょう。これは、リスト 12-6 のようになります。

**リスト12-6** chap12/main.ts

```
001  〜省略〜
002  const urlFull = `${weatherinfoUrl}&q=${q}&appid=${appId}`;
003  const promise = receiveWeatherInfo(urlFull);  ❶
004  //非同期処理が成功した場合の処理を定義。
005  promise.then(  ❷
006      function(weatherInfo: WeatherInfo) {  ❸
007          //WeatherInfoオブジェクトから必要情報を取得して表示文字列を生成。
008          const message = `現在の${weatherInfo.cityName}の天気は、${weatherInfo.weatherDesc}です。\n緯度は${weatherInfo.latitude}で経度は${weatherInfo.longitude}です。`;
009          //表示。
010          console.log(message);
011      }
012  );
013  //非同期処理がエラーとなった場合の処理を定義。
014  promise.catch(  ❹
015      function(error) {  ❺
016          //エラー表示。
017          const message = `エラーが発生しました。\nエラー内容: ${error}`;
018          console.log(message);
019      }
020  );
021  //非同期処理の成功、エラーにかかわらず行う処理を定義。
022  promise.finally(  ❻
023      function() {  ❼
```

```
024              console.log("全ての処理が終了しました!");
025      }
026    )
```

リスト12-5では、receiveWeatherInfo()関数の実行において、戻り値の受け取りに関する記述はされていませんでした。ここを、リスト12-6の❶のように戻り値を受け取り、変数promiseに格納しています。これが、Promiseオブジェクトであり、この内部に非同期で取得したデータが格納されたWeatherInfoオブジェクトが含まれています。

このPromiseオブジェクトに対して、非同期処理が成功した場合の処理を登録するメソッドが❷の then()、失敗した場合の処理を登録するメソッドが❹の catch()、そのどちらの場合も必ず実行したい処理を登録するメソッドが❻の finally() です。

いずれのメソッドも、引数としてその処理が記述された関数を受け取ります。構文としてまとめると、次のようになります。

● Promise オブジェクトへの処理登録

```
promise.then(非同期処理が成功した場合の処理関数);
promise.catch(非同期処理が失敗した場合の処理関数);
promise.finally(非同期処理終了後に必ず行う処理関数);
```

> note
>
> リスト12-6では、可読性を重視して、then()、catch()、finally()を別々で登録していましたが、これらを次のように連続で登録する記述も可能です。
>
> ```
> promise.then(…).catch(…).finally(…);
> ```

### 12-3-8
# Promiseに登録された関数の引数を学ぼう ・・・・・・・・・・

いよいよ大詰めです。Promiseに登録する関数に話を移します。then()、catch()、finally()それぞれに登録する処理関数の引数は、次のものとなります。

・then()

Promiseオブジェクトのジェネリクスで指定されたデータ型のオブジェクトが引数となります。これは、すなわち、非同期処理関数内の本来の戻り値を指し、リスト12-6では、❸にあるように、WeatherInfoオブジェクトです。

・catch()

エラーに関する情報が格納されたオブジェクトが引数となります。これは、非同期処理の処理内容に応じて、さまざまなデータ型になりえます。そこで、通常は、リスト12-6の❺のように、データ型を記述しません。

・**finally()**

リスト 12-6 の❼のように、引数はありません。

リスト 12-6 では、上記定義に従った引数の無名関数を用意し、それぞれ登録しています。各関数内の処理内容については、次の通りです。

・**then()**

引数の weatherInfo に非同期で取得した weatherInfoJSON が含まれているので、そのゲッタを使って必要データを取得し、表示させる処理を記述しています。

・**catch()**

エラーが発生したというメッセージとともに、エラー内容をそのまま表示するようにしています。

・**finally()**

単純に処理が終了したメッセージを表示します。

> **note**
>
> リスト 12-6 では、これまた、可読性を重視して、then()、catch()、finally() への登録関数を無名関数としています。これらは、もちろん、次のように、別に関数を作成しておいて、その関数名を登録してもかまいません。
>
> ```
> promise.then(postReceiveWeatherInfoOnSuccess);
>    :
> function postReceiveWeatherInfoOnSuccess(…) {
>     :
> }
> ```
>
> あるいは、8-2-2 項で紹介した関数式を利用してもよいです。さらに、8-3 節で紹介したアロー式を使って、次のような記述でもかまいません。
>
> ```
> promise.then(
>     (weatherInfo: WeatherInfo) => {
>         :
>     }
> );
> ```
>
> Web 上の文献では、このアロー式での記述が多々みられますが、どの方式で記述しても問題なく動作します。

**12**

非同期通信アプリケーションを作る

## 12-3-9
## 実行してみよう

さあ、ようやくアプリケーションが完成しました。動作させてみましょう。

実行結果

```
> tsc --target ES5 main.ts
> node main.js


現在の姫路市の天気は、曇りがちです。
緯度は34.8167で経度は134.7です。
全ての処理が終了しました!
```

もちろん、実行結果は、原稿執筆時点での結果です。

もし、エラーが発生した場合は、次のような表示になります。これは、試しに、URLの一部を間違えて実行したものです。

実行結果

```
エラーが発生しました。
エラー内容: FetchError: invalid json response body at http://api.openweathemap.org/
data/2.5/weather?lang=ja&q=Himeji&appid=913136635cfa3182bbe18e34ffd44849 reason: Unexpected
token < in JSON at position 0
全ての処理が終了しました!
```

非同期処理の実行結果に応じて、then()で登録した関数、catch()で登録した関数が切り替わっていることがわかります。また、いずれの場合でも、finally()で登録した関数が実行されたことが読み取れます。

---

### • まとめ •

- 呼び出した関数の戻りを待たずに実行するのが非同期処理。
- Webにアクセスするfetch()関数は、非同期処理。
- 非同期処理の処理終了まで、メイン処理を保留するキーワードがawait。
- 非同期処理が記述された関数全体にはasyncキーワードが必要。
- async関数の戻り値はPromise<>型であり、<>に関数内本来の戻り値の型を記述する。
- Promiseオブジェクトには、then()、catch()、finally()で非同期処理終了後の処理関数を登録する。
- 非同期関数本来の戻り値は、then()で登録する関数の引数として渡される。

## 12-1 ··········································

**問1** 非同期でOpenWeatherにアクセスする関数としてreceiveWeatherInfo()が記述された practice.tsをchap12フォルダに作成しましょう。具体的には、OpenWeatherには、次のURL で様々な天気情報を一挙に取得できるAPIがあります。

```
http://api.openweathermap.org/data/2.5/onecall?lang=ja&lat=35&lon=135&appid=…
```

　URL途中のクエリパラメータにあるlat=35&lon=135は、北緯35度、東経135度を表し、そ の地点の天気情報を表します。URL末尾の「…」には各自のAPIキーを記述してください。
　receiveWeatherInfo()関数内では、fetch()を利用して、上記URLに非同期でアクセスする コードを記述しましょう。fetch()の戻り値はresponseとして受け取ります。

**問2** 問1で作成したreceiveWeatherInfo()関数内の続きとして、次のコードを追記しましょ う。fetch()の戻り値responseに対して、メソッドtext()を適用し、Webアクセスで取得した データを文字列として取得します。それをreceiveWeatherInfo()関数の戻り値とします。その 際、receiveWeatherInfo()関数の戻り値の型を追記する必要があります。

## 12-2 ··········································

**問3** practice.tsの実行部分に、12-1で作成したreceiveWeatherInfo()関数を呼び出し、その 戻り値をpromiseとするコードを追記しましょう。さらに、receiveWeatherInfo()関数内の処 理が成功した場合の処理として、戻り値の文字列をコンソールに表示する処理関数を登録する コードを、practice.tsに追記し、実行しましょう。

**12**

非同期通信アプリケーションを作る

著者プロフィール

**齊藤新三（さいとう しんぞう）**・・・・・・・・・・・・・・・・・・・・・・
WINGSプロジェクト所属のテクニカルライター。Web系製作会社のシステム部門、SI会社を経てフリーランスとして独立。屋号はSarva（サルヴァ）。Webシステムの設計からプログラミング、さらには、Android開発までこなす。HAL大阪の非常勤講師を兼務。

主な著書『たった1日で基本が身に付く！ Java超入門』（技術評論社）、『PHPマイクロフレームワークSlim Webアプリケーション開発』（ソシム）、『これから学ぶ JavaScript』『これから学ぶ HTML/CSS』（以上、インプレス）、『Androidアプリ開発の教科書』（翔泳社）。

 監修プロフィール

**山田 祥寛（やまだ よしひろ）**・・・・・・・・・・・・・・・・・・・・・・
千葉県鎌ヶ谷市在住のフリーライター。Microsoft MVP for Visual Studio and Development Technologies。
執筆コミュニティ「WINGSプロジェクト」の代表でもある。

主な著書『改訂新版 JavaScript本格入門』『Angularアプリケーションプログラミング』（以上、技術評論社）、『独習シリーズ（Java・C#・Python・PHP・Ruby・ASP.NET）』（翔泳社）、『これからはじめるVue.js 3実践入門』（SBクリエイティブ）、『はじめてのAndroidアプリ開発 Kotlin編』（秀和システム）、『速習シリーズ（TypeScript・ECMAScript・Vueなど）』（Amazon Kindle）など。

カバーデザイン　　ライラック
本文デザイン　　　風間 篤士（リブロワークス デザイン室）
編集　　　　　　　青木 宏治

■サポートページ
本書の内容については、以下のWebサイトでサポート情報を公開しています。
https://wings.msn.to/

# ゼロからわかる
# TypeScript 入門

2022年 5月13日　初版第1刷発行

著　者　　WINGS プロジェクト　齊藤 新三

監修者　　山田 祥寛

発行者　　片岡　巖

発行所　　株式会社技術評論社
　　　　　東京都新宿区市谷左内町21-13
　　　　　電話　03-3513-6150　販売促進部
　　　　　　　　03-3513-6160　書籍編集部

製本／印刷　図書印刷株式会社

定価はカバーに印刷してあります

造本には細心の注意を払っておりますが、万一、乱丁（ペー
ジの乱れ）や落丁（ページの抜け）がございましたら、小社販
売促進部までお送りください。送料小社負担にてお取り替え
いたします。

ISBN978-4-297-12635-3　C3055
Printed in Japan

**■お問い合わせについて**

ご質問は本書の記載内容に関するものに限定させていただ
きます。本書の内容と関係のない事項、個別のケースへの
対応、プログラムの改造や改良などに関するご質問には一
切お答えできません。なお、電話でのご質問は受け付けて
おりませんので、FAX・書面・弊社Webサイトの質問用
フォームのいずれかをご利用ください。ご質問の際には書
名・該当ページ・返信先・ご質問内容を明記していただく
ようお願いします。
ご質問にはできる限り迅速に回答するよう努力しておりま
すが、内容によっては回答までに日数を要する場合があり
ます。回答の期日や時間を指定しても、ご希望に沿えると
は限りませんので、あらかじめご了承ください。

**●問い合わせ先**

〒 162-0846　東京都新宿区市谷左内町21-13
株式会社技術評論社
「ゼロからわかる　TypeScript 入門」質問係
FAX番号　03-3513-6167
Webサイト https://book.gihyo.jp/116

なお、ご質問の際に記載いただいた個人情報は、ご質問の
返答以外の目的には使用いたしません。また、返答後は速
やかに破棄させていただきます。

- この解答集は、各章の練習問題の解答をまとめたものです。
- 薄くのり付けしていますが、取り外して使用することもできます。

## Chapter 1 解答 · · · · · · · · · · · · · · · · · · · · · · · ·

**問1** JavaScript

**問2** JavaScriptファイル

**問3** データ型

**問4** テキストファイル

**問5** テキストエディタ

**問6** Node.js

**問7** npm

**問8** tsc

## Chapter 2 解答 · · · · · · · · · · · · · · · · · · · · · · · ·

**問1** Windows

```
C:¥Users¥Shinzo¥Workdir¥ITBasicTypeScript> cd chap02
C:¥Users¥Shinzo¥Workdir¥ITBasicTypeScript¥chap02>
```

macOS

```
shinzo@Hawaii ITBasicTypeScript % pwd
/Users/shinzo/Workdir/ITBasicTypeScript
shinzo@Hawaii ITBasicTypeScript % cd chap02
shinzo@Hawaii chap02 % pwd
/Users/shinzo/Workdir/ITBasicTypeScript/chap02
```

パスについては、筆者のホームフォルダーで記載しています。各自のパスに読み替えてください。

**問2** chap02/helloworld4.ts

```
console.log("皆さん元気ですか?");
```

**問3**
```
> tsc helloworld4.ts
> node helloworld4.js
皆さん元気ですか?
```

**問4** chap02/helloworld4.ts

```
// 初めての練習問題
console.log("皆さん元気ですか?");
```

## Chapter 3 解答 · · · · · · · · · · · · · · · · · · · · · · · ·

**問1** chap03/showMyName.ts

```
001   export{}
002
003   const myName = "齊藤新三";
004   console.log(myName);
```

myNameに格納する値は各自の名前に置き換えてください。

**問2** chap03/showMyName2.ts

```
001  export{}
002
003  const myName = "齊藤新三";
004  console.log(`私の名前は${myName}です。`);
```

myNameに格納する値は各自の名前に置き換えてください。

**問3** chap03/operation1.ts

```
001  export{}
002
003  const num1 = 500;
004  const num2 = 50;
005  const ans = num1 / num2;
006
007  console.log(`num1は${num1}`);
008  console.log(`num2は${num2}`);
009  console.log(`計算結果ansは${ans}`);
```

**問4** chap03/operation2.ts

```
001  export{}
002
003  let num1 = 10;
004  console.log(`num1は${num1}です。`);
005  num1 *= 5;
006  console.log(`num1を5倍すると${num1}です。`);
```

**問5** chap03/operation3.ts

```
001  export{}
002
003  const num1 = 10;
004  const num2 = 3;
005
006  let ans = num1 % num2;
007  console.log(`num1は${num1}`);
008  console.log(`num2は${num2}`);
009  console.log(`num1÷num2のあまりansは${ans}`);
010  ans++;
011  console.log(`さらに1足すと${ans}`);
```

## Chapter 4 解答 · · · · · · · · · · · · · · · · · · · · · · · · · · · · · · ·

**問1** chap04/showRoundResult.ts

```
001  export{}
002
003  const num = Math.round(Math.random() * 10);
004  console.log(`numの値: ${num}`);
005  if(num <= 4) {
006      console.log("四捨五入すると0");
007  } else {
```

```
008      console.log("四捨五入すると10");
009    }
```

**問2** chap04/showLeapYear.ts

```
001    export{}
002
003    const year = Math.round(Math.random() * 70) + 1950;
004    if(year % 4 == 0) {
005        console.log(`${year}年は閏年です。`);
006    } else {
007        console.log(`${year}年は閏年ではありません。`);
008    }
```

**問3** chap04/compareXAndY.ts

```
001    export{}
002
003    const x = Math.round(Math.random() * 10);
004    const y = Math.round(Math.random() * 10);
005    console.log(`xの値は${x}でyの値は${y}`);
006    if(x == y) {
007        console.log("同じ!");
008    } else {
009        console.log("違う!");
010    }
```

**問4** chap04/showEra.ts

```
001    export{}
002
003    const year = Math.round(Math.random() * 120) + 1901;
004    if(year < 1912) {
005        console.log(`${year}年は明治です。`);
006    } else if(year < 1926) {
007        console.log(`${year}年は大正です。`);
008    } else if(year < 1989) {
009        console.log(`${year}年は昭和です。`);
010    } else if(year < 2019) {
011        console.log(`${year}年は平成です。`);
012    } else {
013        console.log(`${year}年は令和です。`);
014    }
```

**問5** chap04/showEraKai.ts

```
001    export{}
002
003    const year = Math.round(Math.random() * 120) + 1901;
004    if(year < 1912) {
005        const wareki = year - 1867;
006        console.log(`${year}年は明治${wareki}年です。`);
007    } else if(year < 1926) {
008        const wareki = year - 1911;
```

```
009      console.log(`${year}年は大正${wareki}年です。`);
010   } else if(year < 1989) {
011      const wareki = year - 1925;
012      console.log(`${year}年は昭和${wareki}年です。`);
013   } else if(year < 2019) {
014      const wareki = year - 1988;
015      console.log(`${year}年は平成${wareki}年です。`);
016   } else {
017      const wareki = year - 2018;
018      console.log(`${year}年は令和${wareki}年です。`);
019   }
```

**問6** chap04/twoBirthday.ts

```
001   export{}
002
003   const birthA = Math.round(Math.random() * 68) + 1950;
004   const birthB = Math.round(Math.random() * 68) + 1950;
005   console.log(`Aさんの誕生年: ${birthA}`);
006   console.log(`Bさんの誕生年: ${birthB}`);
007   if(birthA >= 1989 && birthB >= 1989) {
008      console.log("AさんもBさんも平成生まれ");
009   } else if(birthA >= 1989 || birthB >= 1989) {
010      console.log("どちらかが平成生まれ");
011   } else {
012      console.log("両方とも昭和生まれ");
013   }
```

**問7** chap04/lottery.ts

```
001   export{}
002
003   const num = Math.round(Math.random() * 9) + 1;
004   console.log(`抽選の結果: ${num}番`);
005   switch(num) {
006      case 1:
007         console.log("金賞!");
008         break;
009      case 2:
010         console.log("銀賞!");
011         break;
012      case 3:
013         console.log("銅賞!");
014         break;
015      case 9:
016         console.log("ブービー賞!");
017         break;
018      default:
019         console.log("ティッシュ賞!");
020         break;
021   }
```

**問1** chap05/squareWhile.ts

```
001  export{}
002
003  let i = 1;
004  while(i <= 10) {
005      const ans = i ** 2;
006      console.log(`${i}回目の結果: ${ans}`);
007      i++;
008  }
```

chap05/squareFor.ts

```
001  export{}
002
003  for(let i = 1; i <= 10; i++) {
004      const ans = i ** 2;
005      console.log(`${i}回目の結果: ${ans}`);
006  }
```

**問2** chap05/sumSquare.ts

```
001  export{}
002
003  let sum = 0;
004  for(let i = 1; i <= 10; i++) {
005      sum += i ** 2;
006  }
007  console.log(`合計値: ${sum}`);
```

**問3** chap05/extractMin.ts

```
001  export{}
002
003  let min = 100;
004  for(let i = 1; i <= 10; i++) {
005      const num = Math.round(Math.random() * 100);
006      console.log(`${i}個目の乱数: ${num}`);
007      if(num < min) {
008          min = num;
009      }
010  }
011  console.log(`最小値: ${min}`);
```

**問4** chap05/divide2Nums1.ts

```
001  export{}
002
003  for(let i = 1; i <= 5; i++) {
004      const num1 = Math.round(Math.random() * 10);
005      console.log(`分母の値: ${num1}`);
006      if(num1 == 0) {
```

```
007        console.log("処理を中断します");
008        break;
009      }
010      for(let j = 1; j <= 5; j++) {
011        const num2 = Math.round(Math.random() * 10);
012        console.log(`分子の値: ${num2}`);
013        const ans = num2 / num1;
014        console.log(`割り算の結果: ${ans}`);
015      }
016    }
```

**問5** chap05/divide2Nums2.ts

```
001    export{}
002
003    for(let i = 1; i <= 5; i++) {
004      const num1 = Math.round(Math.random() * 10);
005      console.log(`分母の値: ${num1}`);
006      if(num1 == 0) {
007        console.log("次の分母の値まで処理をスキップします");
008        continue;
009      }
010      for(let j = 1; j <= 5; j++) {
011        const num2 = Math.round(Math.random() * 10);
012        console.log(`分子の値: ${num2}`);
013        const ans = num2 / num1;
014        console.log(`割り算の結果: ${ans}`);
015      }
016    }
```

## Chapter 6 解答

**問1** chap06/showNums.ts

```
001    export{}
002
003    const nums: number[] = [15, 36, 21, 48, 64, 59, 7];
004    for(let i = 0; i < nums.length; i++) {
005      console.log(`${i + 1}番目の値: ${nums[i]}`);
006    }
```

**問2** chap06/sumNums.ts

```
001    export{}
002
003    const nums: number[] = [15, 36, 21, 48, 64, 59, 7];
004    let ans = 0;
005    for(const element of nums) {
006      ans += element;
007    }
008    console.log(`足し算の答え: ${ans}`);
```

**問3** chap06/showStudentNums.ts

```
001   export{}
002
003   const studentNums: {[key:string]: number;} =
004   {
005       "い": 35,
006       "ろ": 36,
007       "は": 37,
008       "に": 34,
009       "ほ": 36
010   };
011   for(const key in studentNums) {
012       console.log(`${key}組の人数: ${studentNums[key]}`);
013   }
```

**問4** chap06/sumStudentNums.ts

```
001   export{}
002
003   const studentNums: {[key:string]: number;} =
004   {
005       "い": 35,
006       "ろ": 36,
007       "は": 37,
008       "に": 34,
009       "ほ": 36
010   };
011   let ans = 0;
012   for(const key in studentNums) {
013       ans += studentNums[key];
014   }
015   console.log(`学年の人数: ${ans}`);
```

**問5** chap06/showStudentMap.ts

```
001   // export{}
002
003   const studentNums = new Map();
004   studentNums.set("い", 35);
005   studentNums.set("ろ", 36);
006   studentNums.set("は", 37);
007   studentNums.set("に", 34);
008   studentNums.set("ほ", 36);
009
010   for(const [key, value] of studentNums) {
011       console.log(`${key}組の人数: ${value}`);
012   }
```

**問1** chap07/triangle.ts

```
001   export{}
002
003   function showTriangleArea(base: number, height: number) {
004       const area = base * height / 2;
005       console.log(`底辺${base}で高さ${height}の面積は${area}`);
006   }
```

**問2** chap07/triangle.ts

```
001   export{}
002
003   function showTriangleArea(base: number, height: number) {
004       ～省略～
005   }
006   showTriangleArea(25, 15);
```

**問3** chap07/triangle2.ts

```
001   export{}
002
003   function calcTriangleArea(base: number, height: number): number {
004       const area = base * height / 2;
005       return area;
006   }
007
008   const ans = calcTriangleArea(25, 15);
009   console.log(`底辺25で高さ15の面積は${ans}`);
```

**問4** chap07/rectangle.ts

```
001   export{}
002
003   function calcRectangleArea(width: number, height?: number): number {
004       if(height == undefined) {
005           height = width;
006       }
007       return width * height;
008   }
009   const areaRectangle = calcRectangleArea(24, 11);
010   console.log(`縦11で横24の長方形の面積: ${areaRectangle}`);
011   const areaSquare = calcRectangleArea(13);
012   console.log(`一辺が13の正方形の面積: ${areaSquare}`);
```

**問5** chap07/grossProfit.ts

```
001   export{}
002
003   function showGrossProfit(sales: number, ratio: number = 0.7) {
004       const grossProfit = Math.round(sales * ratio * 0.9);
005       console.log(`${sales}の粗利: ${grossProfit}(粗利率${ratio})`);
```

```
006    }
007
008    showGrossProfit(1245615, 0.8);
009    showGrossProfit(2214568);
```

**問6** chap07/averageScore.ts

```
001    export{}
002
003    function calcAverageScore(...scores: number[]): number {
004        let total = 0;
005        for(const score of scores) {
006            total += score;
007        }
008        const average = total / scores.length;
009        return average;
010    }
011
012    const averageNakata = calcAverageScore(87, 77, 89, 54, 90);
013    console.log(`中田さんの平均点: ${averageNakata}`);
014    const averageNakayama = calcAverageScore(68, 87, 74, 91, 69, 73, 85);
015    console.log(`中山さんの平均点: ${averageNakayama}`);
```

**問7** chap07/averageScore2.ts

```
001    export{}
002
003    function calcAverage3Score(score1: number, score2: number, score3: number):
       number {
004        const average = (score1 + score2 + score3) / 3;
005        return average;
006    }
007
008    const nakataScores = [87, 77, 89] as const;
009    const averageNakata = calcAverage3Score(...nakataScores);
010    console.log(`中田さんの平均点: ${averageNakata}`);
011    const nakayamaScores = [68, 87, 74] as const;
012    const averageNakayama = calcAverage3Score(...nakayamaScores);
013    console.log(`中山さんの平均点: ${averageNakayama}`);
```

## Chapter 8 解答 ● ● ● ● ● ● ● ● ● ● ● ● ● ● ● ● ● ● ● ● ●

**問1** chap08/showVolumes.ts

```
001    export{}
002
003    function calcVolume(edge: number): number;
004    function calcVolume(width: number, height: number, depth: number): number;
005    function calcVolume(edge: number, height?: number, depth?: number): number {
006        let volume = 0;
007        if(height == undefined) {
008            volume = edge ** 3;
```

9

```
009        } else {
010            volume = edge * height * depth;
011        }
012        return volume;
013    }
```

**問2** chap08/showVolumes.ts

```
001  export{}
002  ～省略～
003  const volumeCube = calcVolume(4);
004  console.log(`一辺が4の立方体の体積: ${volumeCube}`);
005  const volumeCuboid = calcVolume(4, 5, 6);
006  console.log(`各辺の長さが4、5、6の直方体の体積: ${volumeCuboid}`);
```

**問3** chap08/showCircleAreas.ts

```
001  export{}
002
003  const radiusList = [1, 3, 5, 7, 9];
004  radiusList.forEach(
005      function(currentValue: number, index: number, array: number[]) {
006          const area = currentValue * currentValue * 3.14;
007          console.log(`半径${currentValue}の円の面積: ${area}`);
008      }
009  );
```

**問4** chap08/showCircleAreas2.ts

```
001  export{}
002
003  const radiusList = [1, 3, 5, 7, 9];
004  radiusList.forEach(
005      (currentValue: number, index: number, array: number[]) => {
006          const area = currentValue * currentValue * 3.14;
007          console.log(`半径${currentValue}の円の面積: ${area}`);
008      }
009  );
```

または

```
001  export{}
002
003  const radiusList = [1, 3, 5, 7, 9];
004  radiusList.forEach(
005      (currentValue: number, index: number, array: number[]) => console.log(`半径
     ${currentValue}の円の面積: ${currentValue * currentValue * 3.14}`)
006  );
```

**問1** chap09/showBMI.ts

```
001   export{}
002
003   class BodyMass {
004       name: string = "";
005       height: number = 0;
006       weight: number = 0;
007   }
```

**問2** chap09/showBMI.ts（追記は青字の部分）

```
001   export{}
002
003   class BodyMass {
004       ～省略～
005       constructor(name: string, height: number, weight: number) {
006           this.name = name;
007           this.height = height;
008           this.weight = weight;
009       }
010   }
```

**問3** chap09/showBMI.ts（追記は青字の部分）

```
001   export{}
002
003   class BodyMass {
004       ～省略～
005       showBMI() {
006           let bmi = this.weight / (this.height/100) ** 2;
007           bmi = Math.round(bmi * 10) / 10;
008           console.log(`${this.name}さんのBMI値: ${bmi}`);
009       }
010   }
```

**問4** chap09/showBMI.ts（追記は青字の部分）

```
001   export{}
002
003   class BodyMass {
004       ～省略～
005   }
006
007   const nakatani = new BodyMass("中谷和弘", 171.4, 68.4);
008   nakatani.showBMI();
```

**問5** chap09/showBMI.ts（追記は青字の部分）

```
001   export{}
002
003   class BodyMass {
004       ～省略～
```

```
005          showIdealWeight() {
006              let idealWeight = 22 * (this.height/100) ** 2;
007              idealWeight = Math.round(idealWeight);
008              console.log(`${this.name}さんの理想体重: ${idealWeight}kg`);
009          }
010      }
011
012      const nakatani = new BodyMass("中谷和弘", 171.4 68.4,);
013      nakatani.showBMI();
014      nakatani.showIdealWeight();
```

## Chapter 10 解答 ..............................................

**問1** chap10/showDonutsPrice.ts

```
001      export{}
002
003      class Donuts {
004          :
005      }
006
007      class DonutsWithDrink extends Donuts {
008          private _drinkName: string = "";
009          private _drinkPrice: number = 0;
010
011          constructor(name: string, price: number, quantity: number, drinkName:
         string, drinkPrice: number) {
012              super(name, price, quantity);
013              this._drinkName = drinkName;
014              this._drinkPrice = drinkPrice;
015          }
016      }
```

**問2** chap10/showDonutsPrice.ts

```
001      export{}
002
003      class Donuts {
004          :
005      }
006
007      class DonutsWithDrink extends Donuts {
008          :
009          constructor(…) {
010              :
011          }
012
013          get priceWithDrink() {
014              return this.totalDonutsPrice + this._drinkPrice;
015          }
016      }
```

chap10/showDonutsPrice.ts

```
001   export{}
002
003   class Donuts {
004      :
005   }
006
007   class DonutsWithDrink extends Donuts {
008      :
009      get priceWithDrink() {
010        :
011      }
012
013      showOrder() {
014        console.log(`ドーナツと${this._drinkName}とのセットで合計${this.
      priceWithDrink}円`);
015      }
016   }
```

chap10/showDonutsPrice.ts

```
001   export{}
002
003   class Donuts {
004      :
005   }
006
007   class DonutsWithDrink extends Donuts {
008      :
009   }
010
011   const donutsSet = new DonutsWithDrink("オールドファッション", 120, 3, "アイス
      コーヒー", 150);
012   donutsSet.showOrder();
```

実行結果

```
> tsc --target ES5 showDonutsPrice.ts
> node showDonutsPrice.js

ドーナツとアイスコーヒーとのセットで合計510円
```

chap10/showDonutsPrice2.ts

```
001   export{}
002
003   interface Donuts {
004      name: string;
005      price: number;
006      quantity: number;
007   }
```

chap10/showDonutsPrice2.ts

```
001    export{}
002
003    interface Donuts {
004        :
005    }
006
007    function showOrder(donuts: Donuts) {
008        const price = donuts.price * donuts.quantity;
009        console.log(`${donuts.name}が${donuts.quantity}個で合計${price}円`);
010    }
```

**問7** chap10/showDonutsPrice2.ts

```
001    export{}
002
003    interface Donuts {
004        :
005    }
006
007    function showOrder(donuts: Donuts) {
008        :
009    }
010
011    const myDonuts: Donuts =
012    {
013        name: "チョコファッション",
014        price: 140,
015        quantity: 2
016    }
017
018    showOrder(myDonuts);
```

## Chapter 11 解答

**問1** chap11/practice1/Donuts.ts

```
001    export class Donuts {
002        〜省略〜
003    }
```

Donutsクラス内の記述は、Chapter 10の練習問題の問1の内容と同じですので、省略しています。

**問2** chap11/practice1/showDonutsPrice.ts

```
001    import {Donuts} from "./Donuts";
002
003    const myDonuts = new Donuts("オールドファッション", 120, 3);
004    myDonuts.showOrder();
```

Donutsクラスにゲッタが記述されているので、コンパイルの際は--target ES5が必要な

点に注意してください。

**問3** chap11/practice2/Donuts2.ts

```
001    export interface Donuts {
002        ～省略～
003    }
004
005    export function showOrder(donuts: Donuts) {
006        const price = donuts.price * donuts.quantity;
007        console.log(`${donuts.name}が${donuts.quantity}個で合計${price}円`);
008    }
```

**問4** chap11/practice2/showDonutsPrice2.ts

```
001    import {Donuts, showOrder} from "./Donuts2";
002
003    const myDonuts: Donuts =
004    {
005        name: "チョコファッション",
006        price: 140,
007        quantity: 2
008    }
009
010    showOrder(myDonuts);
```

**問5** chap11/practice3/showDonutsPrice3.ts

```
001    import * as donuts from "../practice2/Donuts2";
002
003    const myDonuts: donuts.Donuts =
004    {
005        name: "チョコファッション",
006        price: 140,
007        quantity: 2
008    }
009
010    donuts.showOrder(myDonuts);
```

別名として記述したdonutsは任意の文字列でかまいません。

**問6** chap11/practice4/Donuts4.ts

```
001    export default class Donuts {
002        ～省略～
003    }
```

Donutsクラス内の記述は、問1の内容と同じですので、省略しています。

chap11/practice4/showDonutsPrice4.ts

```
001    import Do from "./Donuts4";
002
003    const myDonuts = new Do("オールドファッション", 120, 3);
004    myDonuts.showOrder();
```

インポート名として記述したDoは任意の文字列でかまいません。

**問1** chap12/practice.ts

```
001   import fetch from "node-fetch";
002
003   async function receiveWeatherInfo() {
004       const weatherinfoUrl = "http://api.openweathermap.org/data/2.5/onecall?lang=
      ja&lat=35&lon=135&appid=";
005       const appId = "…";
006       const url = weatherinfoUrl + appId;
007       const response = await fetch(url);
008   }
```

**問2** chap12/practice.ts

```
001   import fetch from "node-fetch";
002
003   async function receiveWeatherInfo(): Promise<string> {
004       ～省略～
005       const response = await fetch(url);
006       const responseText = response.text();
007       return responseText;
008   }
```

**問3** chap12/practice.ts

```
001   import fetch from "node-fetch";
002
003   async function receiveWeatherInfo(): Promise<string> {
004       ～省略～
005   }
006   const promise = receiveWeatherInfo();
007   promise.then(
008       function(responseText: string) {
009           console.log(responseText);
010       }
011   );
```

かなりの分量の整形されていないJSON文字列がコンソールに表示されます。